全球变化热门话题丛书

主　编　秦大河
副主编　丁一汇　毛耀顺

沙尘暴

Shachenbao

杨德保　尚可政　王式功　编著

气象出版社

图书在版编目(CIP)数据

沙尘暴/杨德保,尚可政,王式功编著. —北京:气象出版社,2003.3(2012.8重印)

(全球变化热门话题/秦大河主编)

ISBN 978-7-5029-3556-6

Ⅰ.沙… Ⅱ.①杨…②尚…③王… Ⅲ.沙暴-普及读物 Ⅳ.P425.5-49

中国版本图书馆CIP数据核字(2003)第018138号

气象出版社出版

(北京市海淀区中关村南大街46号 邮编:100081)

总编室:010－68407112 发行部:010－68409198

网址:http://www.cmp.cma.gov.cn E-mail:qxcbs@cma.gov.cn

责任编辑:陶国庆 终审:纪乃晋

封面设计:新视窗工作室 责任技编:王丽梅 责任校对:王丽梅

*

北京京科印刷有限公司印刷

气象出版社发行 全国各地新华书店经销

*

开本:889×1194 1/32 印张:6 字数:156千字

2003年3月第一版 2012年8月第四次印刷

印数:10001～15000 定价:18.00元

序　　言

全球变化科学是从20世纪80年代发展起来的一个新兴的科学领域。其研究对象是气候系统(包括岩石圈、大气圈、水圈、冰冻圈和生物圈)、各子系统内部以及各子系统之间的相互作用。它的科学目标是描述和理解人类赖以生存的气候系统运行的机制、变化规律以及人类活动在其中所起的作用与影响,从而提高对未来环境变化及其对人类社会发展影响的预测和评估能力。近20年来,全球变化的研究方向经历了重大调整。首先是从认识气候系统基本规律的纯基础研究为主,发展到与人类社会可持续发展密切相关的一系列生存环境实际问题的研究;其次是从研究人类活动对环境变化的影响,扩展到研究人类如何适应和减缓全球环境的变化。全球变化的研究已经取得了重大的进展。

气候变化是全球变化研究的核心问题和重要内容。科学研究表明,近百年来,地球气候正经历一次以全球变暖为主要特征的显著变化。近50年的气候变暖主要是人类使用矿物燃料排放的大量二氧化碳等温室气体的增温效应造成的。现有的预测表明,未来50～100年全球的气候将继续向变暖的方向发展。这一增温对全球自然生态系统和各国社会经济已经产生并将继续产生重大而深刻的影响,使人类的生存和发展面临巨大挑战。

自工业革命(1750年)以来,大气中温室气体浓度明显增加。大气中二氧化碳的浓度目前已达到368 ppmv(百万分之一体积),这可能是过去42万年中的最高值。增强的温室效应使得自1860年有气象仪器观测记录以来,全球平均温度升高了0.6±0.2℃。

最暖的14个年份均出现在1983年以后。20世纪北半球温度的增幅可能是过去1 000年中最高的。降水分布也发生了变化。大陆地区尤其是中高纬地区降水增加，非洲等一些地区降水减少。有些地区极端天气气候事件(厄尔尼诺、干旱、洪涝、雷暴、冰雹、风暴、高温天气和沙尘暴等)的出现频率与强度增加。近百年我国气候也在变暖，气温上升了0.4～0.5℃，以冬季和西北、华北、东北最为明显。1985年以来，我国已连续出现了17个全国大范围暖冬。降水自20世纪50年代以后逐渐减少，华北地区出现了暖干化趋势。

对于未来100年的全球气候变化，国内外科学家也进行了预测。结果表明：(1)到2100年时，地球平均地表气温将比1990年上升1.4～5.8℃。这一增温值将是20世纪内增温值(0.6℃左右)的2～10倍，可能是近10 000年中增温最显著的速率。21世纪全球平均降水将会增加，北半球雪盖和海冰范围将进一步缩小。到2100年时，全球平均海平面将比1990年上升0.09～0.88 m。一些极端事件(如高温天气、强降水、热带气旋强风等)发生的频率会增加。(2)我国气候将继续变暖。到2020～2030年，全国平均气温将上升1.7℃；到2050年，全国平均气温将上升2.2℃。我国气候变暖的幅度由南向北增加。不少地区降水出现增加趋势，但华北和东北南部等一些地区将出现继续变干的趋势。

气候变化的影响是多尺度、全方位、多层次的，正面和负面影响并存，但它的负面影响更受关注。全球气候变暖对全球许多地区的自然生态系统已经产生了影响，如海平面升高、冰川退缩、湖泊水位下降、湖泊面积萎缩、冻土融化、河(湖)冰迟冻与早融、中高纬生长季节延长、动植物分布范围向极区和高海拔区延伸、某些动植物数量减少、一些植物开花期提前等等。自然生态系统由于适应能力有限，容易受到严重的、甚至不可恢复的破坏。正面临这种危险的系统包括：冰川、珊瑚礁岛、红树林、热带雨林、极地和高山生态系统、草原湿地、残余天然草地和海岸带生态系统等。随着气候变化频率和幅度的增加，遭受破坏的自然生态系统在数目上会有所增加,其地理范围也将增加。

气候变化对国民经济的影响可能以负面为主。农业可能是对气候变化反应最为敏感的部门之一。气候变化将使我国未来农业生产的不稳定性增加,产量波动大;农业生产布局和结构将出现变动;农业生产条件改变,农业成本和投资大幅度增加。气候变暖将导致地表径流、旱涝灾害频率和一些地区的水质等发生变化,特别是水资源供需矛盾将更为突出。对气候变化敏感的传染性疾病(如疟疾和登革热)的传播范围可能增加;与高温热浪天气有关的疾病和死亡率增加。气候变化将影响人类居住环境,尤其是江河流域和海岸带低地地区以及迅速发展的城镇,最直接的威胁是洪涝和山体滑坡。人类目前所面临的水和能源短缺、垃圾处理和交通等环境问题,也可能因高温、多雨而加剧。

由于全球增暖将导致地球气候系统的深刻变化,使人类与生态环境系统之间业已建立起来的相互适应关系受到显著影响和扰动,因此全球变化特别是气候变化问题得到各国政府与公众的极大关注。

1979 年的第一次世界气候大会(主要由科学家参加)宣言提出:如果大气中的二氧化碳含量今后仍像现在这样不断增加,则气温的上升到 20 世纪末将达到可测量的程度,到 21 世纪中叶将会出现显著的增温现象。1990 年 11 月,第二次世界气候大会(由科学家和部长参加)通过了《科学技术会议声明》和《部长宣言》,认为已有一些技术上可行、经济上有效的方法,可供各国减少二氧化碳的排放,并提出制定气候变化公约的问题。1991 年 2 月联合国组成气候公约谈判工作组,并于 1992 年 5 月完成了公约的谈判工作。1992 年 6 月联合国环境与发展大会期间,153 个国家和区域一体化组织正式签署了《联合国气候变化框架公约》。1994 年 3 月 21 日公约正式生效。截止到 2001 年 12 月共有 187 个国家和区域一体化组织成为缔约方。公约缔约方第一次大会于 1995 年 3 月在德国柏林召开。经过两年的艰苦谈判,1997 年 12 月在日本京都召开的公约第三次缔约方大会上通过了《京都议定书》，为发达国家规定了到2008～2012年的具体的温室气体减排义务。

1988年11月世界气象组织和联合国环境规划署建立了“政府间气候变化专门委员会(IPCC)”，其主要任务是定期对气候变化科学知识的现状、气候变化对社会和经济的潜在影响，以及适应和减缓气候变化的可能对策进行评估，为各国政府和国际社会提供权威的科学信息。自成立以来，IPCC已组织世界上数以千计的不同领域的科学家完成了三次评估报告及“综合报告”。目前，IPCC正在准备编写第四次评估报告，将于2007年完成。此外，还组织编写了许多特别报告、技术报告。IPCC组织编写的这些评估报告，作为制定气候变化政策和对策的科学依据提交给国际社会和各国政府。它不仅为各国政府部门制定气候变化对策提供了科学信息，而且也直接影响着《联合国气候变化框架公约》及《京都议定书》的实施进程，并在荒漠化、湿地等其他国际环境公约的活动中发挥着越来越大的作用。

全球气候变化问题，不仅是科学问题、环境问题，而且是能源问题、经济问题和政治问题。全球气候变化问题将给我国带来许多挑战、压力和机遇。

国际上要求我国减排温室气体的压力越来越大。目前我国二氧化碳排放量已位居世界第二，甲烷、氧化亚氮等温室气体的排放量也居世界前列。预测表明，到2025～2030年间，我国的二氧化碳排放总量很可能超过美国，居世界第一位；目前低于世界平均水平的我国人均二氧化碳排放量可能达到世界平均水平。由于技术和设备相对落后、陈旧，能源消费强度大，我国单位国内生产总值的温室气体排放量比较高。

我国减排温室气体的潜力受到能源结构、技术和资金的制约。煤是我国的主要能源，在我国一次能源消费中，煤炭约占70%。受能源结构的制约，我国通过调整能源结构来减少二氧化碳排放量的潜力有限。如果近期就承担温室气体控制义务，我国的能源供应将受到制约。同时，因缺少相应的技术支撑，我国的经济发展将受到严重影响。因此，我国的能源结构和减排成本决定了我国不可能过早地承诺减排义务。在相当一段时期内，我国应坚持“节约能源、优化能源结构、提高能源利用效率”的能源政策，但是需要相当的技术和资金作为保证。目前发达国家希望通过“清洁发展机制(CDM)”项目，从发展中国家获得减排抵消额。这将为发展中国家获得新的投资和技术转让带来机遇。

我国党和政府对气候变化问题一直非常重视，早在1986年就成立了国家气候委员会，其职责是参加国际有关组织相应的活动，并在开展气候研究、预报、服务等工作中，负责对外的国际合作、交流，对内起到组织协调的作用，并与各有关部门共同协商、配合工作，充分发挥各有关单位的积极性，使气候科学更好地为国家建设服务。1995年成立了国家气候中心，专门从事气候监测、预测和评价等工作，为我国经济建设和社会发展提供了卓有成效的服务。目前，气候变化与生态环境问题已引起党和政府的高度关注。但是总体来看，迄今为止我国还未把适应与减缓气候变化影响的问题真正提上议事日程，这方面的研究仍十分薄弱和不足。由于全球气候变暖可能给我国自然生态系统和社会经济部门带来难以承受的、不可逆转的、持久的严重影响。因此，应对全球气候变暖的影响，趋利避害，应成为我国实施可持续发展时必须重视的问题之一。需要全面深入研究气候变化对我国自然生态系统和国民经济各部门的影响后果、可采取的适应与减缓措施，并在对其进行成本-效益分析的基础上，提出我国适应与减缓气候变化影响的规划和行动计划。

为了宣传和普及气候和气候变化方面的科学知识，提高公众在全球变化问题上的科学认识，我们组织编撰出版这套《全球变化热门话题》丛书。本套丛书一共18册，由国内相关领域的知名专家撰稿，内容包括以下三方面：一是以大量监测数据为基础，揭示全球变化的若干事实及其在各个分系统中的表现形式；二是以太阳辐射、大气化学、大气物理、环境和生态演变等多学科交叉理论为基础，深入浅出地阐述气候变化的成因；三是以可持续发展理论为指导，提出人类适应和减缓全球变化的各种对策、途径和方法。该丛书的出版，旨在使人们对全球变化有清醒而全面的科学认识，从而更加关注全球变化，并且在更高的层次上、更广泛的范围内认识我国在全球变化中的地位和作用，自觉参与人类社会的共同决策，保护人类赖以生存的地球环境。

国家气候委员会主任
中国气象局局长 秦大河

2003年3月23日

目　录

第一章

沙尘暴时空分布和基本特征

沙尘暴是沙暴和尘暴两者兼有的总称，是指强风把地面大量沙尘卷入空中，使空气特别混浊，水平能见度低于 1km 的天气现象。其中沙暴系指大风把大量沙粒吹入近地气层所形成的携沙风暴；尘暴则是指大风把大量尘埃及其它细粒物质卷入高空所形成的强风暴。当其局部区域 50m＜能见度≤200m 时，称为强沙尘暴；达到最大强度（瞬时最大风速≥25m/s，能见度≤50m，甚至降到 0m）时，称为特强沙尘暴（或黑风暴，俗称“黑风”）。在国外其它地区沙尘暴还有不同的名称，如在印度的新德里，称之为安德海(Andhi)，在非洲和阿拉伯地区称之为哈布(Haboob)，有的地区称之为“Phantom”即“鬼怪”的意思。可见沙尘暴是一种具有恐怖感的天气现象。

沙暴与尘暴

一种灾害性天气现象

沙暴与尘暴虽有联系，但也有区别。沙暴风速多在 7～8 级以上，吹起近地气层的细沙和粉沙,距地表的输移高程一般为15～30m,天空昏暗,水平能见度多在1～10km。沙暴通常就地形成,其携带的沙物质一般搬运距离不远,遇到障碍物和绿洲边缘即行沉积,造成沙埋、沙割之害。强沙暴也能把大量粉沙和粘粒输送到空中,伴随有尘暴发生,但多形成不了黑风暴或尘霾。一般说来,沙暴一脱离沙源区即趋于消失。而尘暴虽脱离沙尘源地,悬浮于气流的尘埃仍能滚滚向前,在高空可飘移到数千公里之外甚至更远。尘暴在过境地区特别是其前锋一带则出现降尘现象,极端者乃出现尘雨奇观。尘暴风力强劲,风速多在20m/s以上,风蚀极强,一遇裸露或植被稀疏的沙质地表,以致就地形成强沙暴。尘暴与沙暴结合即成沙尘暴,对工农业生产和人民生命财产危害更大。

强度划分

对沙尘暴强度的等级划分,一般采用风速和能见度两个指标。如Joseph对发生在印度西北部的沙尘暴划分为三个等级:即4级<风速≤6级,500m≤能见度<1000m,称为弱沙尘暴;6级<风速≤8级,200m≤能见度<500m,称为中等强度的沙尘暴;风速>8级,能见度<200m,则称之为强沙尘暴。我国对沙尘暴强度的定义,与上述定义大体相同,只是在强沙尘暴的等级范畴内,又划分出了特强沙尘暴,即50m<能见度≤200m时,称为强沙尘暴,当其达到最大强度,瞬时最大风速≥25m/s,能见度<50m,甚至降到0m时,称为特强沙尘暴(或“黑风暴”、“黑风”)。国内外沙尘暴强度划分标准见表1.1。

参考国内外已有标准,借鉴有关研究成果,并兼顾实用性、科学性和可操作性,徐启运(1997)提出了我国沙尘暴天气单点和区域强度划分标准。单点沙尘暴天气以瞬间极大风速、最小水平能见度作为划分标准(表1.2)。由系统性天气引发邻近地区3站以上出现沙尘暴天气,称为区域性沙尘暴天气;由非系统性天气(如局地强对流等)引发的零星1～2站出现沙尘暴,称为局地性沙尘暴天气。

表 1.1　国内外沙尘暴天气强度划分标准(引自《中国沙尘暴研究》)

<table>
<tr><th>地　　名</th><th>轻</th><th>中</th><th>强</th></tr>
<tr><td>印度</td><td>风力:4～6 级
水平能见度:500～1000m</td><td>风力:6～8 级
水平能见度:200～500m</td><td>风力:＞8 级
水平能见度:＜200m</td></tr>
<tr><td>中国
(全国)</td><td rowspan="4">风力:4～6 级
水平能见度:500～1000m</td><td rowspan="4">风力:6～8 级
水平能见度:200～500m</td><td>风力:＞8 级
水平能见度:＜50m</td></tr>
<tr><td>中国
(甘肃)</td><td>最大风速:≥25m/s
水平能见度:＜50m</td></tr>
<tr><td>中国
(宁夏)</td><td>最大风速:≥25m/s
水平能见度:＜50m
海原以北有 1/3 站</td></tr>
<tr><td>中国
(甘肃武威)</td><td>最大风速:≥25m/s
水平能见度:＜50m
有沙尘暴壁</td></tr>
</table>

表 1.2　沙尘暴天气强度划分标准(引自《中国沙尘暴研究》)

强　　度	瞬间极大风速(最大)	最小水平能见度
特强沙尘暴	≥25m/s	0 级：＜50m
强沙尘暴	≥20m/s	1 级：50～200m
中沙尘暴	≥17m/s	2 级：200～500m
弱沙尘暴	≥10m/s	3 级：500～1000m

一般情况下沙尘暴强度的确定：不论是区域还是局地性沙尘暴天气强度，均以沙尘暴天气过程影响台站中最强一个台站的强度确定。

风力和能见度不协调时沙尘暴强度的确定：

(1)凡风速大、能见度也大时，沙尘暴强度以能见度对应级确定。如风速最大为 30m/s，水平能见度为 100m，则确定为强沙尘暴天气；

(2)风速小、能见度也小时，从原有风速对应级，上升一级强度确定。如风速最大为 19m/s，水平能见度为 100m，上升一级定为强沙尘暴天气。

沙尘暴的分级标准

气象及沙漠工作者会有不同的看法，就是各省(区)气象部门内部也有不同意见。有的从现象上看，过境时的风沙壁、风向突变，风速急增，以及过境后10分钟内气压跃升1～2hPa的气压鼻现象，这种风沙壁和风突变现象在我国西北地区的南疆盆地南缘、甘肃河西走廊、宁夏、内蒙古及柴达木盆地的典型沙尘暴发生时都可见到。也有人指出，强沙尘暴并非一个模式，如1990年3月12日酒泉地区的强沙尘暴(最大风速30m/s，能见度为0m)既无风沙壁，也无气压鼻，风速也是逐渐加大的，更多的还是看沙尘暴发生时的能见度和风速。特强沙尘暴发生时因天黑迷路，又遭强风裹挟，才造成人畜落水而死或他伤。

可见，能见度差和强风速是沙尘暴发生时两个主要的致灾因素。

为了规范全国沙尘天气的观测、监测，以更好地开展沙尘天气预警服务业务，中国气象局预测减灾司组织有关人员制定了《沙尘天气预警业务服务暂行规定》(以下简称"沙尘规定")，该规定采用的沙尘天气标准主要参考了《大气科学辞典》及现行《地面观测规范》和《地面气象电码手册》，并在2002年12月召开的"第一届全国沙尘暴专家委员会第一次会议"上作了补充修订。"沙尘规定"将沙尘天气分为浮尘、扬沙、沙尘暴和强沙尘暴四类。划分标准如表1.3。

表1.3　浮尘、扬沙、沙尘暴和强沙尘暴划分标准

名称	成因(来源)	能见度	天空状况	风力	大致出现时间
浮尘	远地或本地产生沙尘暴或扬沙后，沙尘等细粒浮游空中而形成	水平能见度小于10km，垂直能见度也较差	远物呈土黄色，太阳呈苍白色或淡黄色	≤3.0m/s	冷空气过境前后
扬沙	本地或附近沙尘被风吹起，使能见度显著下降	1～10.0km	天空混浊，一片黄色	风较大	冷锋或雷暴、飑线过境
沙尘暴		0.5～1000km		风很大	
强沙尘暴		<500m		风非常大	

并规定，如果在同一次天气过程中，我国天气预报范围内3个或3个以上国家基本(准)站出现了沙尘暴(强沙尘暴)天气，则认为我国出现了一次沙尘暴(强沙尘暴)天气过程。

“沙尘规定”对沙尘天气的划分主要依据能见度，对风力的作用则考虑得少，这种以能见度为主的区分方法是否科学？钱正安分析了牛生杰等近几年在腾格里沙漠边缘吉兰泰等四站的多次观测结果，发现从背景大气到浮尘、扬沙、弱沙尘暴天气，地面平均空气总悬浮颗粒物(TSP)浓度分别为0.083mg/m^3、0.356mg/m^3、1.206mg/m^{3}和3.955mg/m^3，即沙尘浓度约按公比为3的比率递增；沙尘气溶胶光学厚度分别为0.417、0.604、0.830和1.274，即气溶胶光学厚度约按公比为1.5的比率递增。这些差别说明，以能见度为主的沙尘天气区分方法是科学的，它能够反映不同沙尘天气条件下的大气含尘量及气溶胶光学厚度不同的物理本质。

地域分布

全球分布

全世界有四大沙尘暴多发区，分别位于非洲、中亚、北美和澳大利亚(图1.1)。亚洲沙尘暴活动的中心主要在约旦沙漠、巴格达与海湾北部沿岸之间的下美索不达米亚、阿巴斯附近的伊朗南部海滨、俾路支到阿富汗北部的平原、前苏联的中亚地区哈萨克斯坦、乌兹别克斯坦及土库曼等地都是沙尘暴高频率(≥15次/年)影响区，但其中心在里海与咸海之间沙质平原及阿姆河一带。高频率尘暴区还延伸到中国的准噶尔盆地、塔里木盆地、内蒙古高原、戈壁及黄土高原和华北地区。局部的及过境沙尘暴还会影响中东、中亚及南亚许多地区。我国的沙尘暴区属于中亚沙尘暴区的一部分，主要发生在北方几大沙漠、沙地、戈壁及其边缘地区。

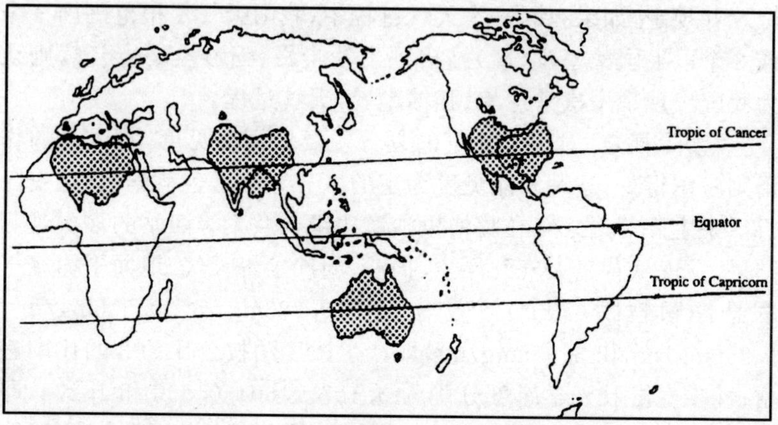

图 1.1　全球沙尘暴分布(引自卢琦等,2001)
图中阴影区为沙尘暴发生区

非洲沙尘暴：20 世纪 60 年代末和 70 年代初(1968～1973),发生在撒哈拉沙漠南部边界——苏丹-萨赫勒地区的干旱和荒漠化生态灾难,是除了 20 世纪两次世界大战之外,近百年人类史上最悲惨的灾难:损失了一半家畜和 200 万头游牧牲畜,600 万以上的生态难民流离失所,造成了几十万人死亡。

英国牛津大学地质学院的研究记录表明,自 1900 年以来,英国共经历过 17 次撒哈拉沙漠降尘。一次降到英国的来自撒哈拉沙漠的降尘量可达 1.0×10^7t。这是一些直径仅有 1%mm 的红色尘埃,呈碱性,在空中飘移距离达 1930km。埃尔·巴兹认为,撒哈拉尘暴搬运的微细颗粒集中于大气层中 1.5～3.7km 的高度上。每年有 2.5×10^7～3.7×10^7t 尘埃输送到赤道以北的大西洋地区,有的穿过西经 60°W 线沉降。

有人研究发现,海底沉积物中风吹来的沉降粉尘占 20%～75%,陆地上有大面积的黄土及类似黄土的覆被层,证明干旱、半干旱的沙漠地区不仅是沙尘暴的形成地,也是粉尘、盐分向外输出的源产地。

Duce(1983)、Martin 及 Gordon(1988)、Barrow(1991)等人进一步确认，每年参与地球化学循环的 108t 磷元素中有一半以上是从撒哈拉沙漠以浮尘传输形式输送到北大西洋的，而北太平洋 95%的可用铁元素是通过大气环流过程从中国北部沙漠传输到海洋。

撒哈拉大沙漠是发生沙尘暴的主要源地。撒哈拉沙尘暴夏秋季节常西移到北大西洋赤道上空，甚至可到达加勒比海地区。撒哈拉沙尘暴大范围爆发时，在可见光云图上表现出一条灰色的狭长带，类似于卷云，但与云有明显的差别。沙尘羽起源于北非，开始时较窄，约位于 14°～20°N，向西逐渐展宽，到 30°W 处已扩展到 10°～25°N；其垂直厚度从北非上空的混合层高度，抬高到大西洋上空的 1～5km 厚，称为撒哈拉尘层。

撒哈拉沙尘暴爆发与当时风场有很大关系。在撒哈拉尘层下低空气流为东北信风，这不断地接收从中层下落的沙尘，沙尘含量逐渐增多，最后在撒哈拉尘层下形成一层重尘层，向西进入 ITCZ(赤道辐合带)中，撒哈拉尘层的南侧，高空风有强的垂直切变，有一个中层急流，其高度约位于 650hPa 附近。这支强的垂直风切变与 ITCZ 中的冷空气和撒哈拉尘层的暖空气形成的强水平温度梯度相联系。撒哈拉沙尘暴处在东风波的后部，与倒 V 型云系相联系，这可能是撒哈拉沙尘暴西移的共同特征。倒 V 型云系的轴与东风波扰动轴相重合，并与沙尘暴羽的前沿趋于一致。

中亚沙尘暴：中亚哈萨克斯坦强盐(沙)尘暴。1955 年 4 月，伏尔加河下游发生了两次强烈的白色盐(沙)尘暴。4 月 10 日，里海-咸海盆地整个地区发生了盐(沙)尘暴。偏东风风速达到 15～20m/s，大风卷起地面的粉尘和盐尘，搬移、漂浮到伏尔加河的中游、下游地区。好几个气象台站记录了 4 月 11 日和 12 日两天粉尘、盐尘弥漫的干旱阴霾天气。迎风面地面物体和植被上落了 0.1mm 厚的一层灰白色粉尘。经化学分析得出结果，47.4%为可溶盐沉降物，52.6%为不可溶残积物。总盐量中，硫酸盐高达 90.6%，氯化物 7.4%，重碳酸盐 2%。据初步估计,每一公顷土地沉降了 25kg 的硫酸钠。1955 年 4 月 18～22 日,再次发生更强的风沙盐(沙)尘暴,根据强度与范围来看,这些盐粉沉降物属于罕见现象。4 月 18 日这一天,哈萨克斯坦西部风速达到 15～20m/s,有些地段高达 20～25m/s,几近飓风风力。风卷盐(沙)尘暴形成巨大的沙尘云团空袭哈萨克斯坦西北地区、北部地区和伏尔加河流域中上游地区;4 月 19 日,盐(沙)尘暴抵达高尔基市,形成阴霾天气,能见度 1000m。

根据航空观测,盐(沙)尘云团高达 3000～4000m,当干热盐(沙)尘暴出现在东南方向的刹那间,地面、物体、植被以及牲畜身上覆盖了一层略苦味道的白色沉降物,沉降物厚度达 1～2mm,有些地段达到 2～4mm。化学分析结果显示,沉降物主要是硫酸钠、氯化钠、镁盐、石膏颗粒和硅石颗粒物。如前所述,曾经发生过白色盐暴,但是,1955 年 4 月 18～22 日的盐粉尘暴影响极大,危害范围达到 $5.0\times10^5km^2$。

中亚地区沙尘暴多发中心,一个在伊朗、阿富汗和巴基斯坦等国的交界处;一个在阿富汗的土耳其斯坦平原。最大的年平均出现天数为 80.7 天,出现在伊朗宾斯登地区。这些地区的沙尘暴主要发生在春夏的旱季。此外,前苏联中亚地区也是沙尘暴多发地区。在罗斯托夫地区的东南部,最长的沙尘暴能维持 73～157 小时,但沙尘暴的最大风速不超过 30m/s。西南亚地区的沙尘暴也可以传播到前苏联中亚地区。我国北方地区及蒙古也属于中亚沙尘暴多发区的延伸区。

印度有两种沙尘暴:一种称为洛风,是由于低槽加深产生强气压梯度造成的;另一种称为对流性沙尘暴,是由雷暴云或飑线的下曳气流而引起的。

阿拉伯地区也是沙尘暴多发地区,当地称为"Haboob"(哈布沙尘暴)。阿拉伯半岛上的沙尘暴主要向东传播,席卷整个半岛和波斯湾。但是,当红海低压形成时,阿拉伯半岛的沙尘暴也可以向西扩展,影响到地中海东部,但强度较弱,能见度一般不低于 5km。

北美沙尘暴：

美国西部大平原爆发沙尘暴：1935年4月14日，发生在这个"黑色星期天"的沙尘暴是美国历史上最严重的沙尘暴之一，以至于它造成的损害在过了很多年以后还不能完全估算出来。由于沙尘暴，几百万公顷的农田废弃，几十万人口流离失所。众多人口抛弃了他们的土地，其他滞留下来的人，在丧失了银行抵押土地的返还权时，也被强迫迁出家门。总计有1/4的人口，向西部的加利福尼亚州迁移，相当数量的地区几乎成了"荒芜人烟的空城"。

"黑风暴"引起的大量人口迁移在美国历史上是最大的一次人口流动，到了1940年，大平原几个州共有250万人口外迁，其中有20万人涌入加利福尼亚州。

美国中南部是美国浮尘频率最高的地区，也是美国沙尘暴多发地区。美国亚利桑那州凤凰城每年都要遭到2～3次沙尘暴的袭击，这些沙尘暴属于Haboob型，大多数是由雷暴的下曳气流引起的，侵入凤凰城的时间一般在17～21时。沙尘暴到达时，地面气温一般下降约7℃，最大风速可达36m/s，最小能见度约为400m，通常维持1小时。

加拿大特强尘暴：20世纪30年代发生在加拿大大草原地区的尘暴将萨克其万贫瘠土地上的表土吹起、搬运、堆积到了万顷良田上。里贾纳、穆斯乔和斯威夫特卡伦特等三个城市里里外外都蒙上了一层厚厚的尘土。风沙流埋没了居民的院墙和篱笆，阻塞了防风林带，压埋了菜园、果园和花园。沙土漫过了鸡舍，撕裂窗户，家家室内灌满了尘土沙子，门前堆积了黄沙，使得人们出不了门，离不了村，走不了路。

20世纪整个30年代，风蚀和干旱极为严重。就这一段时间来说，大草原地区的250个城市、$7.0\times10^6hm^2$ 土地受到了旱灾的影响。风蚀到底摧毁了多少农田，没有准确的记录。当时，土地表层土被剥蚀的局面用"失控"形容一点不为过。20世纪30年代的这场大风和干旱也带来了蝗虫灾难。艾伯塔发生蝗虫的第一年，受到严重袭击的面积大约 4100km^2，到 1939 年，蝗虫袭击面积达到 1.55×10^5km^2。萨克其万受到中度袭击的面积由 1931 年的 4000km^2，增加到 2.6×10^5km^2，超过全省国土面积的 40%。

沙尘暴和干旱摧毁了城镇和粮田，给人们的财产和粮食生产带来了不可估量的损失。以 1988 年的沙尘暴和干旱为例，直接生产损失估计达到 18 亿加元。加拿大政府花在这次灾难中的保险和补助金达 14 亿加元。各省政府也由于沙尘暴和干旱等自然灾害，付出了粮食损失的巨额费用。平均来算，萨克其万省损失最为惨重，每年超过 1.3 亿加元(按 1995 年不变价计算)，马尼托巴的粮食损失费用每年大约在 300 亿加元。据估计，大草原地区三省每年因风蚀花在农场上的开支大约为 2.49 亿加元。

澳大利亚沙尘暴：澳大利亚中部和西部海岸地区沙尘暴的发生最为频繁，每年平均达 5 次以上。沙尘暴的发生还表现为鲜明的季节性，晚春(9 月或 10 月)和夏季(2～3 月)最为显著；在南澳旱农耕作区及其毗邻地区，冬雨降临之前的晚秋也会发生沙尘危害。沙尘暴的影响范围，水平距离可达数百公里，垂直距离高达数千公里。1993 和 1994 年发生在澳大利亚最严重的沙尘暴给东部沿海城市以及周围的城镇带来了毁灭性的破坏。1993 年，南澳东部的平原发生了一次大规模的沙尘暴。大量的土壤被大风吹蚀，降尘覆盖了澳大利亚东部和新西兰，绵延 1800km。细小的土壤颗粒被卷入大气，导致尘土随着气流围绕地球环绕。1994 年也有类似现象发生。沙尘暴席卷了西澳、南澳和新南威尔士西部。据估算，这几个州的农业主产区大约损失了 1.0×10^7～1.5×10^9t 表土，这些表土被大风席卷，以沙尘暴形式殃及澳洲大陆的大部分地区。南澳平均每年 8.5 天的沙尘天气，空气中的浮尘量足以引发哮喘病的爆发，据估计南澳 20%的哮喘病发生与空气中的浮尘有关。

大量研究已表明，沙尘暴与土地荒漠化密切相关，全世界四大沙尘暴多发区(即中亚、北美、中非和澳洲)无一不是荒漠化重灾区。

中国沙尘暴主要发生的地区

中国的沙尘暴多发区属于中亚沙尘暴区域的一部分，主要位于北纬 35°～49°N、东经 74°～119°E 的广大北方地区，东西绵延 4500km、南北跨越 600km。西北地区的强沙尘暴出现区域，一个是西起吐鲁番、哈密地区，东接绵延 1000km 的甘肃河西走廊，北连内蒙古阿拉善盟，东扩外延到河套地区；另外一个是北疆克拉玛依地区、南疆的和田地区及青海西北部地区的三个局地性沙尘暴区。中国沙尘暴主要发生在西北、华北大部、青藏高原和东北平原地区。

由图 1.2 可以看出，我国沙尘暴的空间分布基本上与中国北方沙漠及沙漠化土地分布相一致，反映了下垫面特征和沙尘源分布状况对沙尘天气形成的重要作用。

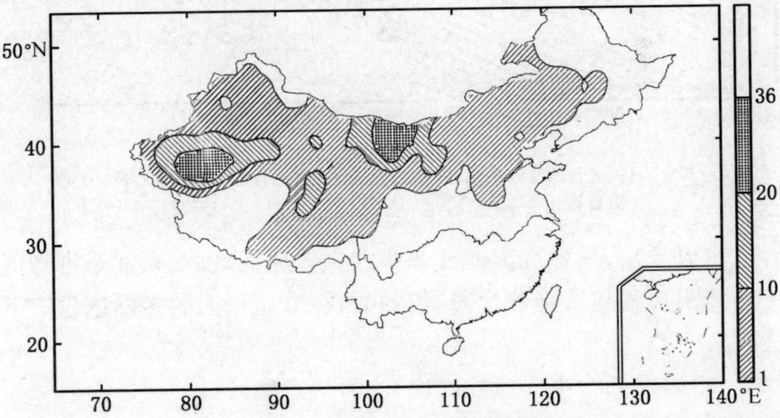

图 1.2　1954～2000 年 47 年平均的中国沙尘暴年发生日数空间分布

我国沙尘暴年发生日数大于 10 天的区域主要分布在南疆盆地、河西地区及内蒙古中部，均发生在沙漠及其边缘地区。其中南疆的塔里木盆地以及甘肃河西走廊东北部至内蒙古的阿拉善分别为两个多发区，前者多发中心在民丰，年平均年发生日数 35.8 天；

后者多发中心在甘肃民勤，平均年发生日数28.1天。对照董光荣等的研究发现，沙尘暴的易发区大多属中纬度干旱和半干旱地区，这些地区受荒漠化影响和危害比较严重，地表多为沙地和旱地，植被稀少，大风过境，容易形成扬沙和沙尘暴天气。

钱正安等利用1952～2001年我国北方292例强和特强沙尘暴个例，给出了我国北方强和特强沙尘暴的分布情况，如图1.3所示。图中A、B、C、D及E站分别为民勤、和田、伊克乌素、拐子湖及朱日和五大沙尘暴多发区中心，斜线阴影区为青藏高原及天山。

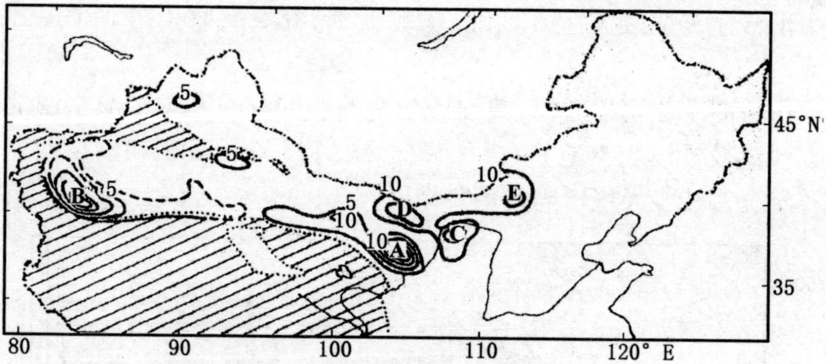

图1.3　1952～2001年间中国北方强和特强沙尘暴频数(次)分布
(引自钱正安,2002)

可以看出，虽然我国西北和华北许多地区，以及东北个别地区都可能出现强或特强沙尘暴，但频数在20次以上的多发区仅有五大片：

(1)以民勤为中心(达53次)的河西走廊区；

(2)以和田为中心(42次)的南疆盆地南缘区；

(3)以拐子湖为中心(25次)的内蒙古阿拉善高原区；

(4)以伊克乌素镇为中心(27次)的鄂尔多斯高原区；

(5)以朱日和为中心(22次)的浑善达克沙地区。

特别需要强调的是，内蒙古地域辽阔，频数分布较均匀，如阿拉善高原北部及阴山以北广大地区的频数都在10次以上，所以内蒙古的强及特强沙尘暴占总频数的 2/3(有些从蒙古国移来)。

总的来说,中国沙尘暴分布具有几个显著特点:

(1)影响面积大,西起新疆,东抵沿海,受沙尘暴和扬沙不同程度影响的省市区分别为 17 个和 25 个;

(2)高频区集中,在我国集中着两个主要高频区——塔里木盆地及其周围地区和阿拉善、河西走廊东北部及其邻近地区;

(3)与地表沙化程度密切关联,塔克拉玛干等大沙漠,以及散布在黄河河套、青藏高原、内蒙古高原的沙地为扬沙和沙尘暴天气的出现提供了极为丰富的沙尘物质源。

此外,天气系统、地形地貌、山脉走向、地表覆被状况和降水分布等都对扬沙和沙尘暴的地理分布有着显著影响。

我国西北地区的沙尘暴

根据《中国气候图集》西北地区年沙尘暴日数均在 5 日以上;年沙尘暴日数在 20 日以上的地区有塔里木盆地经罗布泊至甘肃西北部一带,阿拉善高原和宁夏东部。据统计,自 1952～1994 年西北地区出现强和特强沙尘暴 48 次,平均每年一次。其中特强沙尘暴 22 例,将近占全部个例的 50%。有 11 例除了造成其它损失外,还直接造成人员伤亡。如 1993 年 5 月 5 日的特强沙尘暴伤亡 300 余人;1983 年 4 月 26～28 日及 1977 年 4 月 22 日的特强沙尘暴也分别造成近百人伤亡。

触目惊心的事实已经摆在我们面前。由此可见,人类可以跨越技术的束缚,但终将摆脱不了自身的羁绊。自人类社会出现以来,人类就不断地从自然界获得其生存所必需的物质资料,在整个自然界中与人类关系最为密切的是土地,人类的衣食住行都离不开土地。技术进步为人类开发资源提供了更大的空间,伴随着人类文明的脚步,特别是人口的急剧增加,人类对土地的索取已大大超出了土地本身的承载能力,其结果必然是导致土地的退化,长此以往,人类文明的发展将最终毁灭人类自身。

沙尘暴发生频率

日变化规律

沙尘暴具有明显的日变化特征,一日之中,沙尘暴主要发生在午后到傍晚时段内,占 65.4%;其他时段内,仅占 34.6%。在甘肃河西走廊中部地区,黑风暴大都出现在 12 时后至 22 时以前的时段内。每天 13～18 时是沙尘暴天气易发高峰期。西北地区沙尘暴天气最早出现于 14 时,最晚为 19 时 30 分。陕西榆林、吴旗、横山沙尘暴发生在上午者占 19%～25%,发生在下午占 50%～63%。夜间占 11%～26%。宁夏沙尘暴天气发生在上午占 22.7%,下午占 63.7%,夜间占 13.6%。

强沙尘暴天气过程持续时间最长的是河西走廊的民勤,为 14 小时 57 分(1959 年 4 月 27 日),南疆地区的和田为 8 小时 56 分(1993 年 6 月 23～24 日)。

年变化规律

我国北方地区沙尘暴的年变化特点是:春季最多,约占全年总数的 1/2,夏季次之,秋季最少;按月份来看,4 月份发生频率最高,3 月和 5 月份次之,秋季的 9 月份最低。内蒙古中西部地区 4 月份沙尘暴出现频率最高,春季(3～5 月)占全年的 73%。

整个北方地区沙尘暴的两个多发区南疆塔里木盆地和甘肃河西走廊均是 4 月发生频率最高,其次是 5 月和 3 月,发生频率最低的月份略有差异,河西走廊为 9 月,南疆区为 12 月;北疆区沙尘暴发生频率最高在 5 月,其次是 4 月和 6 月,最低是 1 月。

由北京、朱日和、和田、张掖、民勤和兴海 6 个代表站 40 年平均的沙尘暴日数的季节变化曲线(参见图 1.4)来看,沙尘暴的季节分布基本上是春多秋少,这是因为春季我国北方地区冷空气活跃，多大风，气温回暖解冻，地表裸露，容易起沙。各地区沙尘暴的季节分布又略有差异，大致可划分为三种类型：春季最多型；冬末春初最多型；春夏频繁型。

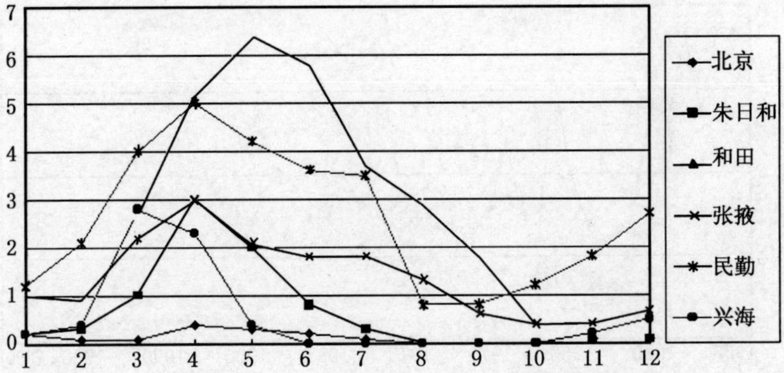

图 1.4 北京等 6 个代表站扬沙和沙尘暴日数的季节变化
(引自周自江，2001)

但也有例外，如青藏高原地区，在高原南部的泽当等地，由于高空南支西风急流的作用，冬季大风日数多，地表植被覆盖度小，沙尘暴日数呈冬多夏少型。

建国以来中国沙尘暴发生频率变化

对沙尘暴的详细记录是从新中国成立以后开始的。由图 1.5 可以看出，1954～2000 年，我国北方 338 个测站平均的沙尘暴日数总体趋势是下降的，其中 50 年代最高，60 年代减少，之后 70 年代又有回升的趋势，到了 80 年代又减少，90 年代最少。

西北地区沙尘暴日数总的变化也呈下降趋势，其中河西走廊东部的民勤下降明显。1960～1966 年沙尘暴偏多，60 年代后期至 70 年代中期沙尘暴日数有所减少，70 年代后期至 80 年代末沙尘暴增多，形成沙尘暴高峰期，之后呈明显的减少趋势。

由表 1.4 所示的北京等 12 个代表站不同年代的平均年总沙尘暴日数也可得出类似认识。北京、呼和浩特、银川和西宁 20 世纪

50 年代平均沙尘暴日数分别是 20 世纪 90 年代的 8.2 倍、10.7 倍、12.4 倍和 4.2 倍。可见近 45 年我国北方大部分地区沙尘暴日数是以减少为主的。

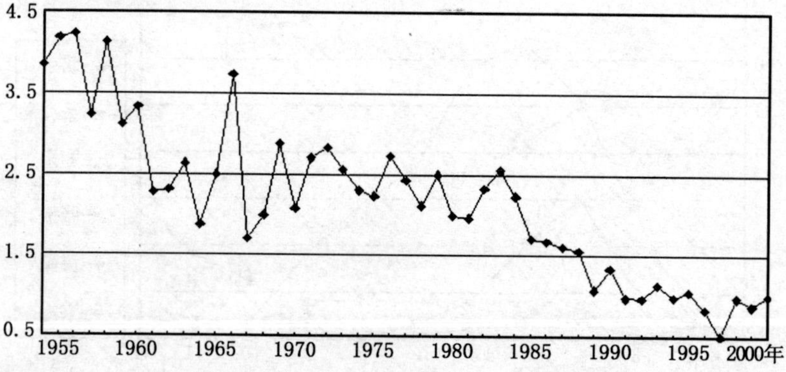

图 1.5　我国北方沙尘暴平均日数的年际变化

表 1.4　北京等 12 个代表站不同年代的平均年总沙尘暴日数年际变化
(引自周自江,2001)

代表站	平均年总沙尘暴日数(天)					
	1954～1960	1961～1970	1971～1980	1981～1990	1991～1998	1959～1998
北　京	4.1	4.6	1.4	0.7	0.5	1.9
朱日和	2.9	8.0	8.9	8.3	6.9	7.8
呼和浩特	13.9	7.8	4.8	1.1	1.3	3.9
赤　峰	12.4	5.4	4.4	0.7	0.9	3.0
银　川	16.1	2.8	7.0	6.7	1.3	5.1
西　宁	12.6	6.5	6.2	0.2	0.3	3.7
兴　海	7.0	2.0	2.5	13.8	19.4	8.8
兰　州	8.6	1.3	3.2	0.6	0.1	1.5
张　掖	18.6	21.6	20.3	10.8	4.1	15.0
民　勤	44.3	30.5	39.3	30.7	11.8	29.6
乌鲁木齐	3.9	4.8	6.4	1.7	0.4	3.4
和　田	36.1	32.5	31.0	26.0	15.6	27.5

但是自 20 世纪 90 年代后期，特别是从 1997 年之后，不论西北还是整个北方地区，沙尘暴又有回升增多的趋势。近 4 年(1999～2002 年)春季发生沙尘暴天气 53 次，其中 1999 年 9 次，2000 年 14 次，2001 年 18 次，2002 年 1～8 月已有 12 次。且三分之二左右起源于蒙古国中南部，然后在途经我国北方沙漠或沙地时得到加强或补充；另三分之一左右的沙尘天气为境内沙尘源所致。

对民勤站的沙尘暴序列进行小波分析(参见图 1.6)，结果表明，西北地区沙尘暴 21～23 年的主要周期 40 年来变化不大，稳定存在。从周期振荡可以初步预测，2000 年以后西北地区将逐渐转入沙尘暴多发期。

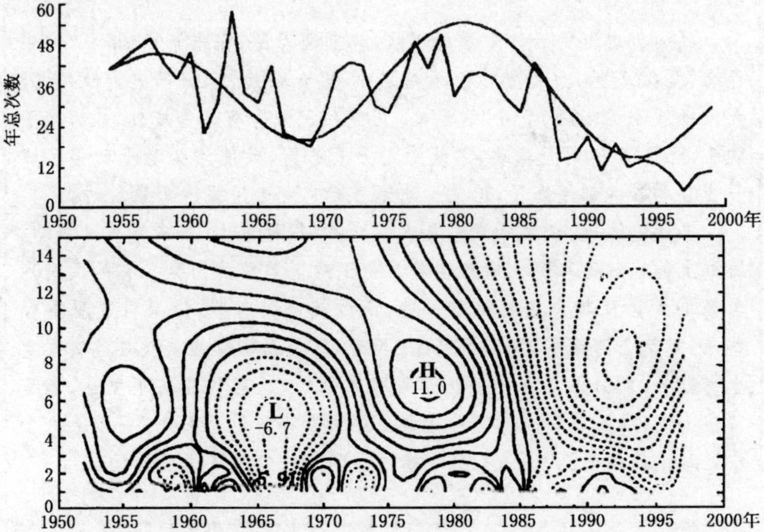

图 1.6 民勤站的沙尘暴序列小波分析结果

(引自陈晓东等，2002)

沙尘暴的历史演变

根据对深海岩心和冰盖沉积物的测定分析，早在白垩纪末，也就是距今 7000 万年，就有沙尘暴存在。在漫长的地质历史中，沙尘暴显示出周期性变化，遇气候暖湿时期，地面植被生长茂密对地面尘沙起保护作用，而尘沙物质本身也结持较好，即使动力、热力条件相同，也不容易产生风沙尘暴；反之，遇气候冷干时期，即易产生尘暴。但不管地质时期沙尘暴强弱如何，破坏力有多大，那时也只是自然力对自然物的破坏，是地球地质作用的一部分，谈不到什么灾害。进入人类历史时期，随着人口的增长，生产建设和生活的需求，沙尘暴由于它的巨大破坏力，它的发生就不仅是一种自然现象，而且也是一种自然灾害了。

我国历史上的沙尘暴记载

我国历史上关于沙尘暴的记载，就全国而论，在张华的《博物思》中已有“夏桀之时，为长夜宫于深谷之中，男女杂处，十旬不出听政，天乃大风扬沙，一夕填此空谷”的记载。虽此项记载含有迷信成分，认为桀王耽于酒色，百日不问朝政，以致受到上天惩罚，天使沙尘晚上就将他建长夜宫的谷地都填塞了，但它反映了当时是发生了强沙尘暴。

年代愈短近，记载的沙尘暴次数愈多，规模愈大，灾害愈重。当然，历史上的记载不可避免地存在着人为记载上差异的因素。有的人对沙尘暴的发生及其危害看得重一些，记载就会翔实些；如果将它看得轻些，记载就会简略些，或不予记载。再者，沙尘暴本身强弱及其危害程度也有差异，而且沙尘暴的发生常带有局地性，从前的交通不发达，信息传播不灵，均足以影响对它的记载。尽管存在着这些影响，关于历史上沙尘暴记载由简至繁，沙尘暴规模由小到大的趋势还是明显的。

表 1.5 汇集了关于沙尘暴的记载，记录的年代是从公元前 130 年到公元 1949 年新中国建立，这一时期作为历史时期讨论，对沙尘暴的记载一般均较简略。从新中国建立以后作为现代时期讨论，这一时期由于沙尘暴的危害日益强烈，同时，全国建立了气象台站网，对沙尘暴有了统一的、规范的记录。

表 1.5 中国西北西汉(公元前 130 年)至 1949 年沙尘暴灾害次数
(引自《西北灾荒史》)

项　　目	西汉－南宋 1400 年(公元前 130～1270)	元代 97 年(1271～1368)	明代 277 年(1368～1644)	清代、民国 306 年(1644～1949)
风沙灾害次数	32.0	2.0	12.0	63.0
沙尘暴次数	4.0	0.0	4.0	28.0
频　率(%)	12.5	0.0	33.3	44.4

历史时期关于沙尘暴记载，有一小部分(约 15.7%)，带有灾情记载。早期的很简略，如公元 351 年甘肃武威一带，“二月武威大风，黄雾下尘，摧树木，倒房屋，伤亡人畜甚多”。这条记载虽也反映了灾情，但语焉不详，缺乏数量的记录，仍使人对这场沙尘暴的危害难以得出明确的印象。直至 1936 年始见对沙尘暴造成的灾情有较清楚的记录，如新疆托克逊“五月六日上午狂风猛烈，飞沙走石，三昼夜造成风灾：吹失小麦 200 石，沙填坎井数道，水渠十数道，2200 多亩耕地受损，沙压房屋 72 间，水磨一盘”。

有了这样的记录，我们就可以对灾情造成的经济损失加以估算了。

在历史的沙尘暴记录中，尽管文字常是很简略，但也初步反映了发生沙尘暴时的情状及一部分灾情，而且个别条款还记载了沙尘暴有利的一个侧面。

例如，《中卫县志》记载 1709 年“地震后忽大风十余日，沙悉卷空飞去，落河南水、宣两堡近山一带，县民连遂复旧压田百顷。”大量埋压农田的沙子在一场沙尘暴中被风搬运走了，万亩农田复垦出来，恢复生产，可以说它反映了沙尘暴有利的一面。在众多的关于沙尘暴的历史记载中仅此一条反映了它的有利之处，事实上像这样的巧合也是很难得的。

关于历史时期沙尘暴发生的频率，据有关史书统计，我国西北从公元前 3 世纪到新中国建国的 1954 年中共发生沙尘暴 70 次(同一时间在一个地点或相邻的若干地点发生的为 1 次)，平均 31

年发生一次。在两千多年的时间里,经历了大约 5 个沙尘暴频发期,分别为 1060～1090 年、1160～1270 年、1470～1560 年、1610～1700 年、1820～1890 年。如果以世纪为单位,将各世纪中发生沙尘暴的次数表示出来,那末,它们在各世纪的分配可列成表 1.6。

表 1.6　我国历史时期各世纪沙尘暴发生次数(引自黄兆华,1997)

世　纪	发生次数	世　纪	发生次数	世　纪	发生次数
纪元前第 3 世纪	1	公元第 6 世纪	1	公元第 14 世纪	1
纪元前第 2 世纪	0	公元第 7 世纪	0	公元第 15 世纪	2
纪元前第 1 世纪	1	公元第 8 世纪	0	公元第 16 世纪	7
公元第 1 世纪	0	公元第 9 世纪	1	公元第 17 世纪	4
公元第 2 世纪	0	公元第 10 世纪	0	公元第 18 世纪	10
公元第 3 世纪	1	公元第 11 世纪	0	公元第 19 世纪	17
公元第 4 世纪	3	公元第 12 世纪	0	第 20 世纪前半	17
公元第 5 世纪	1	公元第 13 世纪	3	共计	70

从表 1.6 中可以看出,沙尘暴在各世纪中发生次数是有多有少的,少时为零次,多时高达 17 次,20 世纪仅半个世纪也发生 17 次。

沙尘暴由于形成条件的差异,有强弱之分,估计历史所记的必定是比较强的沙尘暴;每次沙尘暴分布范围也会有大小,历史所记的也必是沙尘暴分布范围较大的。

从记载地域推断,历史上沙尘暴分布范围大的如公元 354 年(甘肃、宁夏两省区西部及新疆东部)、1231 年(内蒙古伊盟东部、乌盟南部和山西北部)、1306 年(范围同 1231 年的)、1619 年(山西西北部和榆林地区东部)、1830 年(宁夏南部、甘肃中、东部地区)等,而这几次记载的沙尘暴情状同我们现在见到的强或特强沙尘暴的地理分布极为吻合。当然,也是比较罕见的。

从表 1.6 还可看出,历史时期沙尘暴在各世纪的分布自 13 世纪以后有增加的趋势。

另外,作为降尘主要形式的“雨土”的频数变化可在一定程度上反应沙尘天气的活动情况,雨土的频发期基本上可以代表沙尘暴的主要发生期。

张德二等(1984)根据我国历史时期雨土年表给出了公元 300 年以来雨土频数曲线(图 1.7)。可以看出,自公元 300 年以来,雨土频发期具有明显的波动性,与表 1.6 给出的历史时期沙尘暴发生次数基本一致。

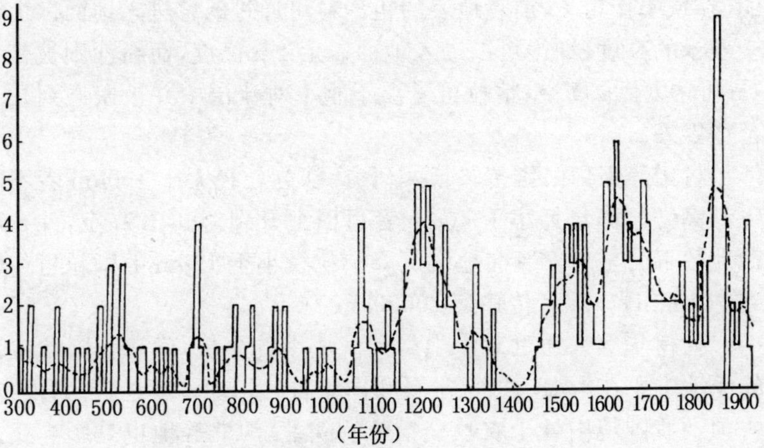

图 1.7　我国雨土频数曲线(引自张德二,1984)

沙尘暴的发生源地与移动路径

发生源地

从全球范围看,沙尘暴天气多发生在内陆沙漠及边缘的干旱荒漠地区。如非洲的撒哈拉沙漠、北美中西部、澳大利亚、中亚等地。

我国北方地区由于有塔克拉玛干大沙漠、巴丹吉林沙漠、腾格里沙漠等十二大沙漠,因此也成了沙尘暴的频发区。沙尘暴统计分析表明,沙尘暴的发生源地,主要位于西北各省、区的沙漠或沙地附近。

一般来说,沙和粉沙含量高而粘粒含量低的裸露、松散沉积物地面很容易产生扬尘。而在有植被和有胶结或具有结皮保护层的地表,即使是在严重的风暴天气条件下,所产生的尘埃量也是很少的。在风暴作用下,前者地表的粗沙粒可通过跃移进入地面以上数十厘米的高度,细沙可以进入地面以上 2m 高度,而粉沙则被带入 1500m 以上的高空,粘粒可悬浮于整个对流层中并被搬送到几千公里以外。

村山等人用二维传输模式研究,认为粒径大于 150μm 者不能飞到高空。而粒径小于 40μm 者可以上升到 4000m 高空,并在离源地数百公里的下风向地区沉降。粒径小于 12μm 的微粒可传输到 7000km,7μm 者传输到 10000km。

刘树华等人通过对沙尘暴天气成因的分析,确认我国沙尘暴的源地主要在新疆、甘肃、宁夏和内蒙古的干燥沙漠地带。另外,蒙古国及我国境内处于农牧交错带的陕北、河北等地也是影响我国北方东部沙尘暴的重要源地。

近年来因人口增长,人为对生态环境的破坏加剧了上述地区沙漠化进程,为沙尘暴的发生、发展都起了推波助澜的作用。

研究表明,升空的沙尘微粒因自身的重力作用在移动的过程中不断沉降、扩散,0.1mm 直径的尘粒在空中只能停留几分钟到几小时。因此,随着大风区的移动,如果不是沿途不断地起沙补充,那么离开初始沙源越远的地方,大气中含尘量越少,沙尘微粒也越小。

由此可知,出现浮尘天气,其尘源可以来自很远的地方。但出现扬沙或沙尘暴天气,邻近周边地区乃至本地的尘源必有相当的贡献。

北京的沙尘天气

如果只是受外来系统性沙尘天气影响,北京的沙尘天气分布应该是较均匀的。从这种分布差异明显情况可以分析出,北京的沙尘成因是较复杂的,其中沙尘有一部分是外来系统性沙尘天气影响的,而有相当多的一部分沙尘天气还是和本地的沙源条件有着密切关系。北京西南的西斋堂和东北的汤河口,地处山区,当地绿化和植被条件较好,且位于出现沙尘天气的上风方,这里出现的沙尘天气,其沙源可以看作基本是外来的沙尘影响,那么,以此为基础可以推算出北京沙尘天气高发区60%～70%的沙尘天气的沙源是来自本地。

对于北京地区而言,不像沙漠地区或者黄土高原,具有丰富的沙尘源。单就城市中的沙源而言,包括地面浮土及建设工地的沙尘和郊区的各种备耕地等,对沙尘天气的加重起到一定的作用,但很难形成高强度的强沙尘天气。对50年来影响北京沙尘天气源地进行研究发现,主要是内蒙古自治区的浑善达克沙漠、库布其沙漠、巴丹吉林沙漠以及毛乌素沙地等地。所以北京出现沙尘暴的概率明显低于我国的西北地区。

移动路径

钱正安根据对许多强沙尘暴事件的分析,归纳出了冬春季入侵我国冷空气的三条路径,如图1.8所示。

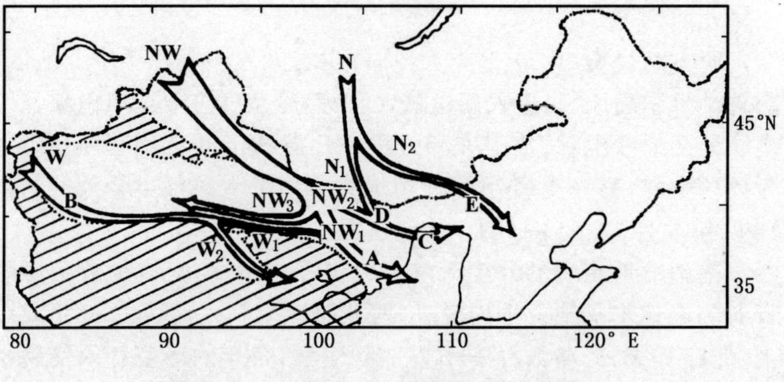

图1.8　冬春季入侵我国的冷空气路径

北方路径类(N)：冷空气来自极地气团或变性气团经贝加尔湖蒙古国南下直冲我国西北东部、华北等地，主要造成内蒙古伊克乌素和朱日和地区的沙尘暴。如 2000 年 4 月 6 日北京的浮尘天气。该类又可进一步分为北方偏西路径和北方偏东路径。

北方偏西路径(N_1)：冷空气自蒙古国经河套及其以西地区南下，影响西北东部及河套等地。

北方偏东路径(N_2)：冷空气自蒙古国经河套以东地区南下，影响内蒙古中东部、华北、东北等地。

西北路径类(NW)：冷空气来源于冰洋气团，强冷空气自西西伯利亚经新疆东南下入侵我国，造成大风沙尘暴。其中，一直东南移的该路冷空气的主力(NW_1)，将可能造成当日午后鼎新-民勤-中卫一线的沙尘暴；其偏东移动的分支(NW_2)将可能造成拐子湖-乌海-伊克乌素一线的沙尘暴；而其从马鬃山东侧经玉门镇折向西行的分支(NW_3)，将可能造成敦煌-若羌一线的偏东风沙尘暴。

西北路径类沙尘暴范围广、强度大。发生次数最多。如 1993 年 5 月 5 日黑风属此类型。这类大风、沙尘暴天气多起源于巴尔喀什湖附近。引发沙尘天气的冷空气团东移经过古尔班通古特沙漠，一部分冷空气倒灌入南疆引发沙尘暴；另一部分(主力)继续向东南移动。影响范围有新疆北部与东部、甘肃、内蒙古、宁夏、陕西北部及华北西部等。

西方路径类(W)：这类大风、沙尘暴天气多起源于中亚地区，翻越帕米尔高原后，进入南疆盆地，西路冷空气主要造成南疆盆地南缘地区的沙尘暴。在其东移过程中一支(W_1)可能引起河西走廊大风沙尘暴，另一支(W_2)可能造成青海省的大风沙尘暴天气。如 1999 年 5 月 13～14 日的沙尘暴过程。

南疆盆地出现的沙尘天气一般仅影响本地，只有少数会影响青海的柴达木盆地。平均说来，西北路冷空气入侵可占 60%或以上，北路其次，西路只占 10%左右。当然，各年的冷空气入侵路径也有大的年际变化。

沙尘暴主要出现在上述三路冷空气前缘冷锋后。这些冷锋主要出现在入侵冷高压前缘,有时也出现在强烈发展的蒙古气旋后部,这是纯冷锋型沙尘暴。

对1993年5月5日金昌特强沙尘暴及2000年4月12日河西走廊强沙尘暴的深入分析揭示,还存在另一类干飑线或中低压等中尺度系统加冷锋的强对流性混合型沙尘暴,其特点是,早在地面冷锋过境前,锋前暖气团中已有干飑线或中低压等中尺度系统强烈发展,首先触发强风和沙尘暴,待其后大尺度冷锋加速赶上干飑线等,大风及沙尘暴又再度加强,因而这类沙尘暴更强,持续时间更长。

影响北京地区沙尘的源地和路径

2008年奥运会将在北京举行,而近年来沙尘暴频繁袭击北京,引起了全国乃至全世界的关注。影响北京地区沙尘的源地在何处?沿什么路径影响北京?这是人们普遍关心的问题。

从卫星图像中沙尘高浓度区的走向,也可以推断沙尘进入北京的路径。综合北京出现沙尘天气时高空的空气质点移动轨迹和卫星图像,进入北京的沙尘主要有三条路径:第一条为偏北路径,由内蒙浑善达克沙地一带经由河北黑河河谷影响北京地区;第二条为西北路径,由内蒙朱日和一带经张家口、河北洋河河谷影响北京地区;第三条为偏西路径,从河北桑干河地区沿永定河谷影响北京地区。

沙尘暴的基本特征

气象要素的变化特征

沙尘暴主要发生在冷锋天气过程中,随地面冷锋自西向东迅速推移,冷锋过境前后气象要素变化剧烈。冷锋前部温度高、气压低、空气干燥,天气晴朗。冷锋一到,气象要素发生跳跃性变化。沙尘暴来临之前，气压持续降低，沙尘暴到达本站，气压涌升而后又降，形成“气压鼻”现象。特强、强沙尘暴来临前，沙漠地区近地面大气和地表升温强烈。沙尘暴发生后气温骤然下降，甚至出现大雪或霜冻。

图 1.9 是 1993 年 5 月 5 日金昌沙尘暴前后逐时气象要素变化曲线，可以看出，沙尘暴发生前期气温持续升高，气压呈下降趋势，临近沙尘暴发生时温度达到最高点；本站气压降至当日最低点；空气暖而干燥。沙尘暴一到，风速突然加大，达 20m/s 以上，能见度降至 0m，气压猛升，温度骤降。

沙尘暴过境时，河西各气象站都伴随有明显的升压、降温和风速突然加大的过程，如表 1.7 所示。

沙尘暴发生时，风速突增，强风吹起地面大量沙尘，天空变成灰黄一片，呼啸的大风卷着沙尘铺天盖地、沙尘滚滚而来，遮天蔽日，致使空气异常混浊，土腥味呛人，能见度急剧下降，几十米之外视线模糊。由于能见度极低，白天，汽车不得不开灯行驶，室内也需开灯照明。

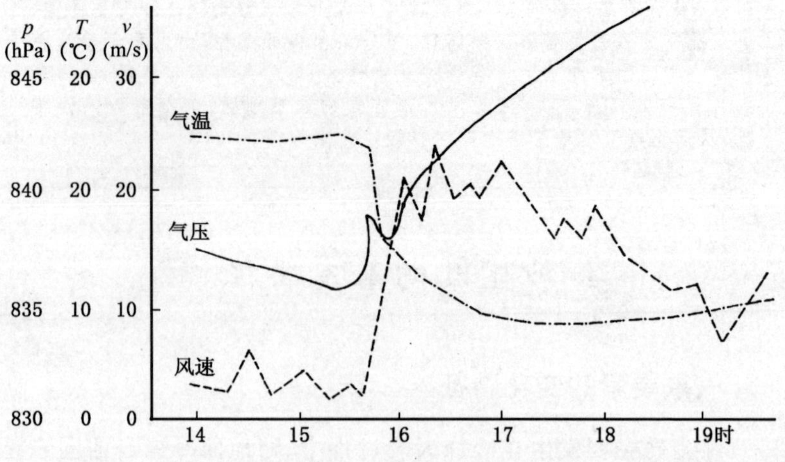

图 1.9　1993 年 5 月 5 日金昌的气压、气温和风速的时间曲线

表 1.7　1993 年 5 月 5 日河西各站 p、T、f 突变及沙尘暴出现时间

项目 站名	时　间	Δt (分)	ΔP (hPa)	时　间	Δt (分)	ΔT (℃)	时　间	Δt (分)	Δf (m/s)	沙尘暴 出现时间
金昌	15:30 ～ 15:40	10	+3.1	15:43 ～ 15:45	2	−6.6	15:40 ～ 16:00	20	22.7	15:42
永昌	15:55 ～ 15:58	3	+2	15:58 ～ 16:10	12	−5.8	15:50 ～ 16:10	20	15.0	15:54
民勤	16:45 ～ 16:48	3	+2	16:46 ～ 16:50	4	−7.0	16:40 ～ 17:00	20	16.7	16:41
武威	16:45 ～ 16:48	3	+2.2	16:45 ～ 16:47	2	−4.0	16:30 ～ 16:50	20	10.0	16:45
古浪	17:10 ～ 17:32	22	+3	17:20 ～ 17:40	20	−7.7	17:20 ～ 17:40	20	18.7	17:24
景泰	18:22 ～ 18:25	3	+2	18:25 ～ 18:29	4	−4.3	18:20 ～ 18:40	20	10.5	18:27
白银	19:20 ～ 20:00	40	+3.5	19:28 ～ 19:30	2	−2.2	19:20 ～ 19:50	30	11.5	19:35

卫星云图特征

可见光云图特征：在可见光云图上，陆地表面有水体、雨迹、森林覆盖的地方反照率最小，所以呈黑色；有作物、牧草、荒漠草原覆盖的地区为深灰色或灰色；在气候干燥的荒漠、沙漠地区由于植被稀少反照率较大，呈现灰色或淡灰色；云系和高山积雪反照率最大为浅灰色或白色；浮尘、扬沙、沙尘暴所形成的“沙尘羽”和低云相似呈灰色或灰白色。沙尘暴区顶部结构均匀，顺着风向有纹理，色调呈浅灰色，有时有高云的暗影存在。

在三个通道合成的伪彩色遥感图片上(通常用 4、2、1 通道)，浮尘、扬沙、沙尘暴因量级差异在图片上“沙尘羽”色彩深浅也有差异。至于沙尘和低云的区别就在于低云边界清楚，外形显现出一定的形状或因扰动而起伏不平；浮尘、扬沙、沙尘暴则是边界不清楚

呈比较均匀的羽毛状，分布在云系的下面，所以很容易与云系区分。

“沙尘羽”的分布受地形走向影响，它的边缘往往和盆地边缘一致。如塔克拉玛干沙漠沙尘暴的形式除“沙尘羽”外，还常出现因冷空气系统入侵造成的“沙尘暴带”和由抽气筒效应产生的“沙尘暴环”，其厚薄、形状、范围和移动方向与当时的环流背景、盛行风向和特定的地形、地理环境密切相关。

另外，沙暴区顶反照率与云团和地表的反照率有明显差别。一般地表反照率最低，达15%左右，沙尘暴顶比地表高，达24%，而云顶的反照率最高，达到51%。

图1.10所示为地表、沙尘暴顶和云顶反照率比较。

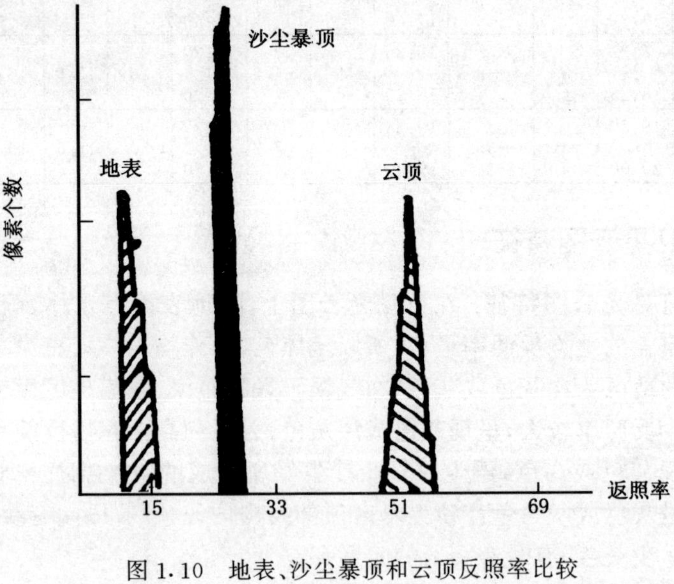

图1.10　地表、沙尘暴顶和云顶反照率比较

红外云图特征：红外云图上，沙尘暴、云团和地表温度有明显的差异。云团顶部温度最低（－50℃以下），色调最亮；地面温度最高（30℃以上），呈深灰色或黑色；沙尘暴区温度介于云顶与地表温

度之间(－3℃以下),色调呈灰色或浅灰色。根据以上温度特征和色调,并配合探空资料,可确定出沙尘暴顶部高度和范围。

在强沙尘暴天气出现前,冷锋云系主体部分的云顶亮温值在－40℃～－50℃之间。沙尘暴天气发生时,云顶亮温开始出现＜－60℃区域,并且随时间推移其范围不断扩大。当沙尘暴天气发展到最强、有多站出现黑风天气时,冷锋云系中出现多个＜－60℃的单体,发展最终连接成片。

特强沙尘暴区顶部亮度温度有以下特征:边缘温度约为－13℃,中间部分约为－18℃,呈条状分布,说明沙暴区顶影响高度是不同的。西北特强沙尘暴顶部高度可达2100m左右,华北沙尘暴影响高度为4500m左右。即使同一地区,各次沙尘暴强度、发展高度也有差异。

图1.11所示为地表、沙尘暴顶和云顶温度的差异。

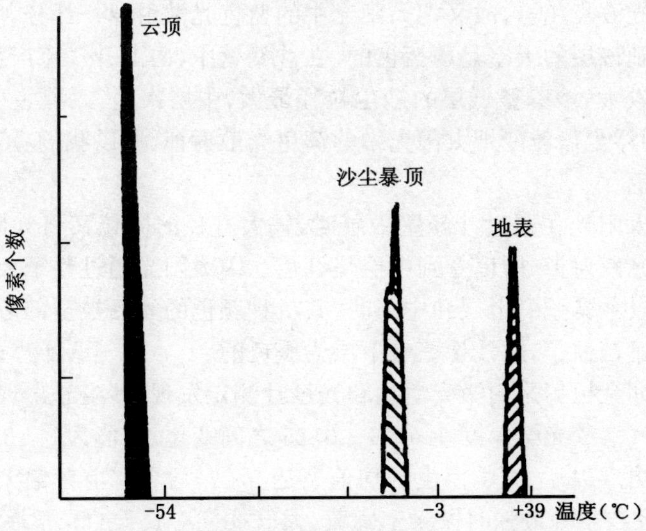

图1.11 地表、沙尘暴顶和云顶温度差异

光学特征

沙尘暴,尤其发展成黑风暴时,具有独特的光学特性。如1993年5月5日发生在我国西北地区的黑风暴,据当时金昌等气象站的目击者记述,黑风暴临近时,可看到200～500m高的“沙暴壁”,形似原子弹爆炸后的蘑菇状烟云,呈现上黄、中红、下黑三种颜色的翻滚式沙尘团。

对这一现象从光学角度可解释为:太阳光是由赤、橙、黄、绿、蓝、靛、紫7种颜色的单色光组成的,且它们的波长是依次递减的(0.75～0.4μm),太阳光通过大气层时,由于大气层最上层中的微粒直径最小,它能散射掉一部分太阳光中的紫色光,所以,高层大气中天空是呈紫色的。

太阳光在通过中上层大气时,该层大气中的尘埃微粒直径因与蓝光波长相当,故又把太阳光中的蓝色光散射掉一部分,所以我们看到该层的天空是蔚蓝色的。在沙暴壁中,由上升气流产生的上举力较大,沙暴壁低层的沙尘粒径最大,中层次之,上层主要是浮尘。因浮尘微粒能把太阳光中的黄色光散射掉,所以我们看到的是黄颜色。

太阳光在通过沙暴壁中层时,较大直径的微粒又将太阳光中红色光散射掉,所以看到中层呈红色。因太阳光通过整个大气层,再穿过沙暴壁的上层和中层时,其7种颜色的光已被全部散射、反射或遮挡住了,故沙暴壁最下层为黑色的。

邱金桓等采用激光雷达和光度计测定发现:沙尘暴出现前,大气柱气溶胶光学厚度在0.11～0.25之间变化,均值为0.18。但沙尘暴出现以后,光学厚度的均值高达5.27,后者比前者偏大20多倍。在沙尘暴最强时段天空发黄,大气柱气溶胶云的光学厚度在8至15之间变化,这一特性主要是由高空输入和地表刮起的沙尘粒子的大量增多所致。

文军通过对野外实测沙尘气溶胶资料的分析认为,4月份沙尘气溶胶消光系数或光学厚度比 10 月份大得多，0.1～1.0μm 的粒子是最主要的消光粒子。

风沙的光学现象

风沙壁上中下三层不同的颜色，还可认为是阳光穿过不均匀的浓密沙尘层后强烈衰减的正常光学现象，这与夏日阵雨时巨大的积雨云笼罩时，白天顿变黄昏是同样的道理。

当太阳光穿过大气层时，若遇到云层及悬浮的水滴和尘埃时会发生光的反射、吸收及散射等一系列变化过程，从而改变了太阳光的传播方向或削弱了太阳光的强度。晴朗无云天气时，空中水滴和尘埃粒子较少，主要由于空气分子(小粒子)对阳光中的蓝色光散射强，才显示出使人们心情舒畅的蔚蓝色天空。可沙尘暴天气时，太阳光在到达地面前要穿过深厚浓密的沙尘带，阳光既受到沙尘的强烈吸收而显著减弱，使天色发黑；又受到浓密尘埃(大粒子)对阳光中红、橙色光更多的散射，使天色发红。沙尘暴浓密沙尘带的时空分布很不均匀，因而随经过头顶时沙尘带的浅薄厚度和疏密程度的差异，人们也自然见到不同亮度和色彩的天色变化。

辐射特征

大气气溶胶削弱入射的太阳辐射，同时又增大入射的长波辐射。晴天太阳辐射在大气中的削弱主要是由于分子散射、臭氧吸收、水汽吸收以及气溶胶的吸收和散射。对局地而言，分子散射和臭氧吸收的变化极小，在短期内可视为常量。当空气湿度小，水汽对太阳辐射的吸收值也小。因此以沙尘为主要成分的大气气溶胶是影响沙尘天气区太阳辐射的主要因子。

大气沙尘对地面辐射能收支有着正、负两方面的作用，其吸收作用减弱到达地面的太阳直接辐射，而其散射作用则增强散射辐射，后者约为前者的一半，最终的结果是减小地面总辐射。

还应当指出的是，地面辐射能收支的变化影响地面热力状况，从而改变地面向上的长波辐射，因此，气溶胶对地面辐射能收支的影响是一个复杂的物理过程。

沈志宝等选择沙漠地区春季大气浑浊日和大气清洁日，对地面辐射能收支及其各分量进行了比较分析，如图 1.12 所示。浑浊日与清洁日相比地面总辐射的减小很明显，总辐射的日辐照量，浑浊日比清洁日地面总辐射减少了 15.5%。

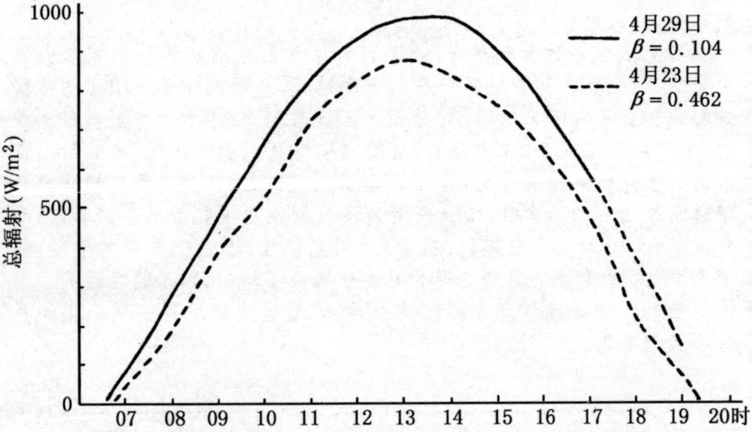

图 1.12　沙漠站春季浑浊日和清洁日地面总辐射的日变化

图中β为大气混浊度

大气浑浊时入射长波辐射的增加是很明显的。浑浊日几乎全天各时的入射长波辐射都比清洁日的大，白天约高 10%，夜间的增幅更大，约在 15%～35%之间，日总量比清洁日高 14.3%。晴天入射长波辐射的日变化十分明显，白天比夜间高得多，夜间几乎无变化。在大气混浊的情况下，日变化规律几乎看不出来，夜间入射长波辐射仍很大。

浑浊日和清洁日地面向上的长波辐射的日变化为，白天，沙尘大气减少了到达地面的太阳辐射，地面温度低于晴天，因此，地面向上的长波辐射也小于晴天，约低 5%～10%。夜间，沙尘大气抑制了地面温度的下降，地面向上的长波辐射反而大于晴天，浑浊日夜间各时地面向上的长波辐射比清洁日高5%～10%。

沙尘大气对地面净辐射的影响，就日辐照量而言是减少的，浑浊日地面净辐射的日辐照量比清洁日减少约5%。夜间，沙尘大气对地面净辐射的影响与白天完全相反。

浑浊日与清洁日相比，白天，虽然向下的长波辐射的增大和地面向上的长波辐射的减小使地面净损失的长波辐射减小，但抵不上入射太阳辐射的减小，地面净辐射减小14.5%；夜间，在沙尘天气条件下向下长波辐射的增大幅度远大于地面向上长波辐射的增大，地面净辐射增大36.2%。白天地面净辐射的减小意味着地面辐射能收入的减小，而夜间地面净辐射的增大意味着地面辐射能支出的减小。

可见，严重浑浊的沙尘大气，在白天抑制地面增温，夜间则抑制地面冷却。

沙尘气溶胶的物理化学成分

沙尘是一种大范围、高浓度的污染物，也是地壳物质和土壤微粒进入大气层并通过大气传输而进行物质的再分布和再循环的重要过程。

空气中的沙尘气溶胶的浓度变化，对人体和动物的呼吸系统的影响极为显著，尤其是细颗粒物质(PM2.5～10)易于富集空气中的重金属、酸性氧化物、有机污染物、细菌和病毒等，且能较长时间悬浮在空中，并输送到很远的地区。

据牛生杰等分析，华北地区TSP(总悬浮微粒)值均以沙尘暴期间为最高，比沙尘暴前可高数倍至几个量级。沙尘暴期间TSP浓度在大粒径组($d>2.1\mu m$)明显增加，由60%增加到88%。它们主要来源于自然土壤、沙尘等。沙尘暴发生前的TSP浓度以小粒径组($d<2.1\mu m$)的浓度为最高，约占40%以上。这些气溶胶微粒主要来自人为排放物。

北京、呼和浩特、榆林、延安、石嘴山和太原等地在沙尘暴发生前、期间和结束三个阶段的沙尘气溶胶中各元素的浓度(μg/m³)和富集因子EF(Enrichment Factor)的分析表明,各站各元素浓度均以沙尘暴期间为最高,尤其是一些地壳元素如Si、Al、Fe、Ca、K等在沙尘暴期间其浓度大幅度增加,如北京的元素Al增加40倍。

元素浓度在沙尘暴发生前、期间和结束三个阶段主要集中在大粒径组($d>2.1\mu m$)的有Si、Al、Fe、Ca、Ti、Na、V、Ba、Sc、Ce、Sm、Co、Cr,其值约为70%~93%左右。在沙尘暴期间浓度更高,可达80%~95%。这类元素主要来自土壤沙尘等自然源。元素浓度主要分布在小粒径组($d<2.1\mu m$)的有As、Br、Pb、S、Sb、和Zn。元素As与元素S、Sb和Pb不同,在沙尘暴期间其大粒径组浓度明显增加,这个现象表明地壳尘埃中含有丰富的As,而S、Sb和Pb主要来源于各种燃料燃烧的人为排放源。

沙尘暴天气过程中,沙尘中各元素的浓度差异也很大。如杨东贞等对1988年4月9~12日出现在北京地区一次强沙尘暴的测定结果为:元素浓度>500mg/kg的有Al、Fe、K、Mg、S、P、Ti、Na;浓度为100~500mg/kg的有Mn、Ba、v;浓度为1~100mg/kg的有Zn、Ni、Ph、Cr、Ca、Cd。沙尘气溶胶中以地壳元素为主,主要存在于大粒子($d>2.1\mu m$)中,一些人为排放污染物中的元素主要分布在小粒子($d<2.1\mu m$)中,所以沙尘气溶胶中的元素主要来自于自然源。

沙尘气溶胶中,亲硫元素和亲沉积元素富集程度均较高,尤以挥发性元素Sb和Se以及易溶组分Cl的富集因子最高。产生明显贫化的微量元素和痕量元素有Sm,Ta,Sc,V,Ba,Hf,Eu,Ti等。

沙尘气溶胶中的微量元素和痕量元素,有不少显示出不同程度的贫化。主要有As、Ta、Sc、V、Ba、Hf,Eu和Ti等元素,其中有一半为稀有类元素,而且表现为背景大气和非局地的浮尘天气下的气溶胶中元素贫化程度更显著。

根据内蒙古、山西和河北表层土壤分析结果看来，沙尘暴气溶胶的严重含量与上述地区的表层土壤比较相近，而与马兰黄土的含量尤为相似。其中稀土元素 La、Sm、Eu、Nd、Yb、Lu 及 Sc、Cr、K、U、Th 等 11 种元素的含量基本一致。

1980 年 4 月 18 日的沙尘暴过程开始发生在新疆东部、内蒙古、河套西部，然后从内蒙古、华北一带向东南方向移动经过北京上空。

内蒙古、山西、河北这一带基本上是属于黄土覆盖区，因此，沙尘暴气溶胶的组成与马兰黄土相似。这说明除了起风地区的沙尘外，沿途表层黄土对沙尘暴的发展、维持是有重要贡献的。

沙尘壁

1984 年 4 月 19 日出现在河套地区的强沙尘暴，1993 年 5 月 5 日出现在河西、新疆东部和宁夏河套等地的强沙尘暴，其共同特征就是在沙尘暴前沿有一道高约 300～400m 的黄色沙尘壁，呈三层结构，每层都有一球状沙尘团滚动，壁下层呈黑色，中、上部红黄相间，像咆哮的洪水自西向东推移，气势磅礴，距壁 1km 处，还能听到闷沉的轰鸣声。顷刻晴朗的天空被狂风和沙尘遮盖，狂风呼啸，空气呛人，天空一片漆黑，水平能见度降至 0m。

这道数百米高的沙尘壁是怎么形成的呢？沙尘壁中的球状尘团又是怎么产生的呢？

形成如此高大的沙尘壁，高空有强大的冷气团存在，同时还有一支高空强风速带或高空急流相配合，加剧高空动量下传，形成一支极强的冲击波，向地面俯冲，接触地面，与低层或地面的强风汇合，促使地面风速加大，并加强锋前地面的辐合上升运动。

图 1.13 所示为一次典型的向前推进的沙尘壁的照片。由图中紧贴地面的低空可见沙尘暴呈弧形向前凸出的形状，正示因为地面有与沙尘壁推进方向相反的气流而形成强烈的辐合。

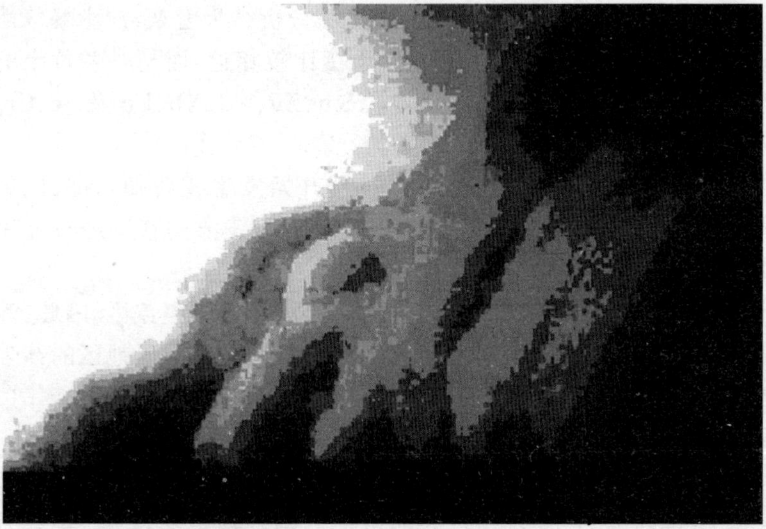

图 1.13　向前推进的沙尘壁

在 1993 年 5 月 5 日 14 时卫星云图上，从高空卷云的纹理走向可以看出，高空风极强，并有一个负 55℃的冷中心存在。

锋后的偏西大风挟裹的沙尘与当地强辐合上升运动相交汇，引起沙尘聚合，随着锋前强上升运动携带到高空，形成沙尘壁，与前部的晴朗天空形成明显的反差，视觉中，像一道高大的沙尘壁。在低层上升运动最强，沙尘浓度也最大。由于上升运动的作用，沙尘浓度随高度逐渐减小，因此人们的视觉中，低层发黑，中层发红，高层发黄。三层结构和各层的颜色都是相对应的。

沙尘壁之所以能够如此强大，除了上述讲的动力因素之外，热力因素起了极为重要的作用。由于前期处在强的热低压之中，使地面温度急剧回升，加之冷锋在午后过境，使平流增温和辐射增温共同作用，加剧地面强对流的形成，促使上升气流增强，冷锋过境时，锋面前后温度梯度特别大，加剧地面辐合，促进锋前上升气柱的不断增强，导致沙尘壁的形成。

沙尘壁是如何发展和维持的？

分析发现，沙尘壁之所以如此高耸，雄伟壮观，得以维持和发展，除了外界的动力因素和热力因素之外，沙尘壁本身还产生正反馈和自循环作用，从而加速能量交换，促使系统发展。

沙尘壁形成后，由于沙尘壁后部沙尘弥漫，能见度变坏，太阳辐射被浓密的沙尘所反射，辐射增温明显减小，加速锋后冷空气进一步变冷，促使锋后下沉气流加强，加快低层辐合；在沙尘壁前部，天空晴朗，辐射增温明显，地面气温不断回升，使沙尘壁前后温度和气压梯度急剧加大，冷暖气团交换加剧，使低层辐合上升加强。这样沙尘壁内部有可能自身形成一种闭合回路，如图(a)所示。使沙尘壁自身产生了一种内部加速发展的机制。

沙尘壁就是一股强烈的上升气柱，在气柱的中心，上升运动最强，偏离气柱运动逐渐递减，由于高空阻力，气柱四周的上升运动首先减弱，达到一定高度，上升运动减弱。当沙尘壁后部边缘的下沉气流遇到锋面后的偏西大风，将下沉气流吹向沙尘壁气柱，随从上升气流再度上升，从而进一步加速气柱的上升运动，上升后再下沉，往复循环，随着沙尘壁气柱的上升和锋后偏西大风的楔入，沙尘壁后部出现连续不断的闭合环流圈，这样就形成了沙尘壁的自循环，如图(b)所示。由于沙尘壁自循环作用，促使了沙壁的自身发展和维持。

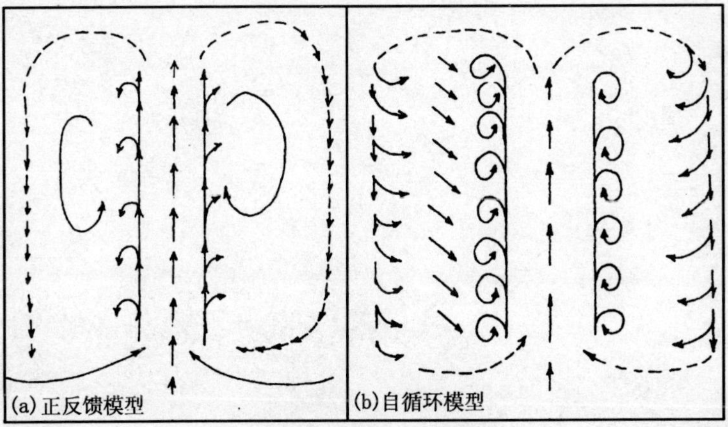

沙尘壁形成的模型图(引自张钛仁，1997)

由于沙尘壁的自循环,使沙尘壁气柱在上升东移过程中,不断有涡旋状的扰动存在。扰动挟裹着沙尘壁中的沙尘,不断旋转,从而形成涡旋状尘团,这种尘团沙暴中有无数多个。由于沙尘壁随高度不同,沙尘的浓度也不同,低层沙尘最浓,中、高层逐渐变稀。在人们的视觉中,从低层到高层,分别呈黑、红、黄三层结构,而且每层分别有球状尘团不断旋转,这就是所谓的三层结构和三层尘团的成因。人们的视觉只能分辨出每层有一个尘团,实际上是连续的扰动,也就是无数多个尘团。

第二章

沙尘暴的形成

沙尘暴天气是在特定的地理环境和下垫面条件下，由特定的的大尺度环流背景和各种不同尺度的天气系统叠加所诱发的一种概率小、危害大的灾害性天气。气象因子是其形成的必要条件，荒漠化是其不可缺少的基础。沙尘暴天气除了造成直接的危害和损失外，由于它所引发的气候学效应、对大气能见度、大气光学特性、地气辐射平衡等的影响，导致的自然生态环境的破坏也是很严重的，人们愈来愈认识到沙尘暴是不可忽视的气候和生态环境问题之一。

沙尘暴形成的基本条件

沙尘暴的形成有三个基本条件：

(1)大风，这是形成沙尘暴的动力条件；

(2)地面上的沙尘，它是形成沙尘暴的物质基础；

(3)不稳定的大气层结状态，这是重要的局地热力条件。

大风

风沙活动是在干旱气候和裸露地表的背景下，由风力所引起的。因此，早在50年代末开始大规模科学调查研究时，这个问题便引起注意，并作了研究，且提出了“起沙风”这一概念。起沙风，是指在流沙面上距地面2m处，风速达到或超过4.5～5.0m/s时的风。根据拜格诺研究，起沙风以V_t表示，并由下式表达：

$$V_t = \frac{V_{*t}}{K}\ln\frac{Z}{Z_0} \qquad (2.1)$$

这里，动摩阻流速V_{*t}为其实验中所得动力起动摩阻流速(19.2cm/s)，Z_0为动力粗糙度。根据风沙物理实验，在高度$Z=$2m处，$V_t \approx 5$m/s，K为Karman常数。

将起沙风引入沙尘暴研究的基础，是气象台站的测风记录。但在引用时必须注意到上述指标取得的高度，同台站上测风高度不同。由于近地面风速随高度的变异性，不能直接用上述指标作为引用其记录的下限，而必须先作高度订正。否则会因其测风高度大于2m，将会使结果错误地夸大起沙风的频数与强度，从而得出错误的结论。

对起沙风指标的高度订正，在点上可用2m高度与台站的同时测风记录进行对比而得出。在面上则只能用近地面风速分布的半对数规律进行计算。由(2.1)式变换可得：

$$V_2 = V_1\frac{\ln Z_2 - \ln Z_0}{\ln Z_1 - \ln Z_0} \qquad (2.2)$$

获得高度订正的指标值。这里V_1、V_2分别为高度Z_1、Z_2上的风速，如令$V_1 = 5$m/s、$Z_1 = 2$m，则按现在台站测风高度Z_2(8～17m)，$V_2 \approx 6$m/s。

这就是引用测风记录的下限。实测证明，各种地表的起沙风指标以流沙面最小。按此指标统计的起沙风，包含有各种地表的起沙风，并可作为这些地表土地沙化后发展的尺度，表示其潜在沙化的可能程度。从而便得到一个统一的指标，对全沙区进行分析，以显示沙漠扩展与沙化发展的不同情况，并且也指出未土地沙化地区沙化的危险程度。

日本学者为了证实黄沙飞扬，进行了风洞模拟试验，风速从零到 10m/s 以上依次增加，在 7m/s 附近，粒子开始转动，超过 10m/s 后转动更加激烈。如果在风的前方设置障碍物，以同样方式增加风速，当风速突然达到 7m/s 时，在障碍物至下风方水平距离为 12 H 处（H 为障碍物的高度），产生间断而且出现显著的大量粒子飞扬现象。这种现象的出现是周期性的，平均约每 3s 爆发一次。风洞试验表明，产生沙尘爆发飞扬的必要条件是地表凹凸不平。从河西至宁夏，一是多沙漠化地域，二是山地起伏，狭管效应和地形阻挡堆积作用十分明显，在特殊的地形、地貌上加剧了此类天气的发展和影响的强度。

中国科学院兰州沙漠研究所进行的风洞实验表明，不同地表的沙尘颗粒，需不同风速方能吹动。戈壁、龟裂地和粘土结壳地临界起沙风速较大（20 m/s），冲积沙土和流动沙丘起动风速小（3.8m/s），流动沙丘当风速为 5m/s 时起沙，半固定沙地 7～10m/s、沙砾戈壁 11～17m/s，才能起沙起尘。当风速达 30m/s 时，地面粗沙通过跃移进入地面以上数厘米的高度，细沙可进入地面以上 2.0m 的高度，粉沙可被带到 1.5km 以上高度。

风沙运动的一个显著特点在于，气流中搬动的沙量极大部分是在地表 10cm 高程以内呈现滑动、运动（蠕移）和跳跃式运动（跃移），只有风选出的粉沙（粒径＜0.05mm）和物理粘粒（粒径＜0.01mm）悬浮于空中，呈气溶胶状态漂移，但这一部分尘土物质仅占风蚀总量的 5%以下，甚至 1%以下。

沙尘暴天气发生一般需要有足够强劲持久的风力，平均风速 12～19m/s 以上，强冷空气是形成沙尘天气的驱动力，只有足够的冷空气方有可能形成强的气压梯度，推动大气的水平流动，由于空气在流动过程中,沿垂直方向水平风速的不同,以及低层的强烈辐合,强迫空气产生垂直方向的流动,从而产生强烈的水平和垂直运动。瞬时最大风速为17m/s,短时7、8级西北大风;西北风风力普遍达6、7级、短时8、9级以上,即可出现沙尘暴。

从天气学角度看,大风的形成,一是强冷空气入侵,即冷锋过境,穿越锋面的次级环流促使锋前强烈上升、锋后动量下传,激发中尺度系统产生,由此导致强变压梯度产生变压风,这是造成近地面大风的主要因素;二是冷锋前地面热低压发展使锋区气压梯度增大而形成梯度风。只有足够强的冷空气,才有可能形成强的气压梯度和变压梯度,使冷空气推动暖空气加速运动而形成地面大风。因此,形成沙尘暴的冷空气强度要比形成一般大风的冷空气强度更强。

风多、风大,是造成荒漠化和沙漠移动扩张的重要原因。沙区的平均风速、大风日数、扬沙及沙尘暴日数都是较多的,表2.1给出了我国12个沙区的气候特征。从表中不难看出,我国沙区的年平均风速都在2～4m/s,年大风日数在25～75天之间,沙尘暴日数在5～30天之间。

表2.1 我国12个沙区风的气候特征(引自贾文忠,2002)

沙漠名称	地理位置	年平均风速(m/s)	年大风日数(d)	沙暴日数(d)
塔克拉玛干沙漠	新疆塔里木盆地	2	10～25	30
古尔班通古特沙漠	新疆准噶尔盆地	2	25	5
马鬃山前和祁连山麓沙漠	新疆甘肃毗邻地区	4	50～75	10～20
柴达木盆地沙漠	甘肃柴达木盆地	3～4	25	10
巴丹吉林沙漠	阿拉善高原	4	50	20～30
腾格里沙漠	宁夏贺兰山北部	3	25	20～30
乌兰布和沙漠	宁夏贺兰山北部	4	25	20
库布齐沙漠	内蒙古河套平原南部	3～4	25	10～20
毛乌素沙地	鄂尔多斯高原南部	2～3	25	10
浑善达克沙地	内蒙古中部	4～5	75	5～10
呼伦贝尔沙地	呼伦贝尔高原南部	3～4	25	1
科尔沁沙地	内蒙古哲里木南部	3	25	5～10

不稳定的大气层结状态

自然界里，若低层空气稳定，则受到某种扰动的沙尘将不会被卷扬得很高；若低层大气不稳定，则受到扰动后的沙尘将会卷扬得很高；特别是在风力和沙尘源具备的情况下，大气层结是否稳定是形成沙尘暴的决定性因素。

以最常出现区域性强沙尘暴灾害的甘肃省河西地区为例。这里处在冷空气东南下的西北通道上，一般来说，冬春两季特别是春季经常有势力强大的冷空气入侵，而且春季，因为植物稀少，沙漠和裸露的地表温度上升得很快，只要连续晴好两三天，地面气温可以升得很高。如果这时遇上强大的冷空气在中午前后过境，可形成上冷下暖的不稳定的温度层结。

实际上，我国北方各地的沙尘暴多出现于春季，而且多出现于春季的午后，这是由于春季是全年中空气冷暖变化最剧烈的季节，午后到傍晚之前又是一天中气温最高的时段，更容易造成空气层结的不稳定。对流层低层强烈的垂直不稳定层结是沙尘暴与单纯大风的根本区别。

沙尘暴之所以能搅卷起如此多的沙尘，以致使能见度严重下降，甚至达到小于 200m 或更甚者，就在于对流层低层存在着强烈的垂直方向的不稳定和强对流。个例分析发现，沙尘暴发生当天早晨，发生地中低空理查逊(Richardson)数锐减，或为负值，另外再考虑边界层高度 H 和 Monin-Obukhov 长度 L 的比值，总体理查逊数 $R_{ib} < 0$，$|H/L| < 1.5$，反映了强迫对流不稳定。当 $R_{ib} < 0$，且 $|H/L| > 1.5$，即为自由对流不稳定，更有利于沙尘天气的发生。这种垂直不稳定在卫星云图资料上表现为：强冷空气前激发出的中尺度对流单体与来自较低纬度地区对流单体合并等相互作用，最后强烈发展成对流云团或干飑线。它们所反映的强烈对流和湍流，以及在野外观测到的沙尘暴前沿的沙尘壁，正是由此而造成的。

丰富松软的地表沙尘

丰富的沙尘源是沙尘暴形成的物质基础。从我国北方地区沙尘源的形成看，一类是自然形成的第四纪沉积、堆积物；另一类是人类生产活动堆积物。前者有风成沙、沙砾戈壁、风蚀劣地、沙质粘土、第三纪红色沙岩、现代流水冲积物、湖积物、黄土等，后者有尾矿砂、废弃物、炉灰等堆积物和开垦裸地等。

从我国北方地区沙尘物质的主要类型的粒度来看，沙漠沙以中细沙为主，约占总量的 70%，其次是极细沙、粉沙，约占 20%，粘粒占 5%左右。戈壁类型，砾石和细粉沙所占比例大，中细沙比例小；砾石占 30%，极细沙、粉沙占 40%，中、细沙不足 40%。风蚀劣地、第三纪红色沙岩，湖相堆积，以粉沙为主，占 80%～90%。黄土和沙黄土以极细沙、粉沙为主，黄土中粉沙占 47.83%，沙黄土中极细沙占 78%左右。沙质耕地，极细沙和粉沙占 90%以上。尾矿砂中细沙和极细沙占 90%以上。

上述沙尘源，不仅在大风时扬沙，而且大量扬尘，加之面积广，为强沙尘暴的形成提供了丰富的物质基础。另外，春季北方地区气温回升，大地解冻，同时春季干旱少雨，地表干燥松软，结持性差，不论是耕地还是荒漠草原，均无植被覆盖，是含尘量丰富的沙尘源。

杨根生等对地表物质样品的分析表明，中国北方沙漠和零星沙地的平均含尘量为 2.56%；沙漠边缘地区平均含尘量为 11.94%；旱作耕地平均含尘量为 30.37%；沙质草地平均含尘量为 51.86%；干旱湖盆和干旱河床平均含尘量为 2.56%。中国北方沙尘暴源区如图 2.1。

可见，沙质草地和旱作耕地为沙尘暴提供了大量的尘物质。近年来气候干暖化和人为活动强度加大，造成荒漠化扩展，使沙尘源进一步扩大。

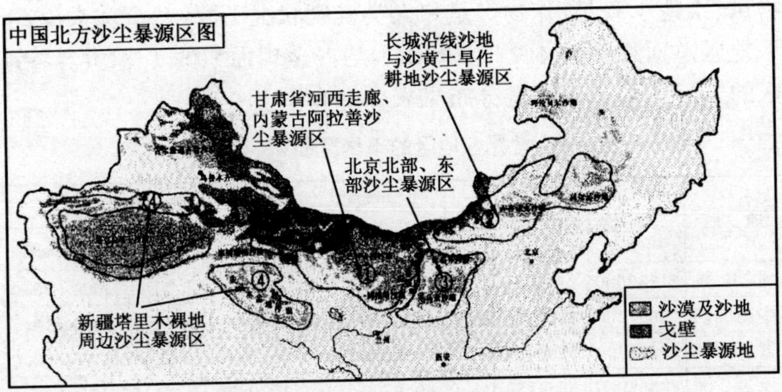

图 2.1　中国北方沙尘暴源区(引自杨根生,2002)

沙尘物质产生的根源——荒漠化

荒漠化的现状

关于荒漠化,1994 年通过的《联合国关于在发生严重干旱和(或)荒漠化的国家特别是在非洲防治荒漠化的公约》中定义为:"'荒漠化'是指包括气候变异和人类活动在内的种种因素造成的干旱、半干旱和亚湿润干旱地区的土地退化。"该定义明确了三个问题:

(1)荒漠化是在包括气候变异和人类活动在内的多种因素的作用下产生和发展的;

(2)荒漠化发生在干旱、半干旱及亚湿润干旱区,这就给出了荒漠化产生的背景条件和分布范围;

(3)荒漠化是发生在干旱、半干旱及亚湿润干旱区的土地退化。

在荒漠化过程中,土壤干燥、植被稀少且这一状况的不断扩大和强化,从而引起的生物生产能力下降。这一过程的结果是植物生物量、土地承载量、作物产量和人类健康状况下降。就全球来说，干旱地区总面积约为 $4.77\times10^7 km^2$，约占全球面积的 1/3，世界各地区的干旱区和半干旱区分布见表 2.2 和图 2.2。

表 2.2 世界各地区的干旱区面积(单位：km^2)

地区	总面积	半干旱区		干旱区		极端干旱区		全部干旱区	
		面积	%	面积	%	面积	%	面积	%
北美洲	21280000	2340800	11.0	1489600	7.0	425600	2.0	4256000	20.0
中南美洲	18637000	1602360	9.5	1420400	8.0	355100	2.0	3377860	19.5
非洲	29797000	5546490	18.5	7325560	24.5	4527240	15.0	17309290	58.0
亚洲	42365000	6354750	15.0	8049350	19.0	1270950	3.0	15675050	37.0
澳洲	7703850	2234120	29.0	3928960	51.0	0	0	6163080	80.0
欧洲	10032100	752500	7.5	200500	2.0	0	0	953000	9.5
合计	129814950	13741020	14.5	22414370	17.0	6578890	5.0	47734280	36.5
其他陆地*	23418050	0	0	0	0	0	0	0	0
陆地合计	153233000	18741020	12.2	22414370	14.6	6578890	4.2	47734280	31.0

注 * 者表示格陵兰、北极、印度尼西亚、新西兰、南极、大洋洲岛屿等

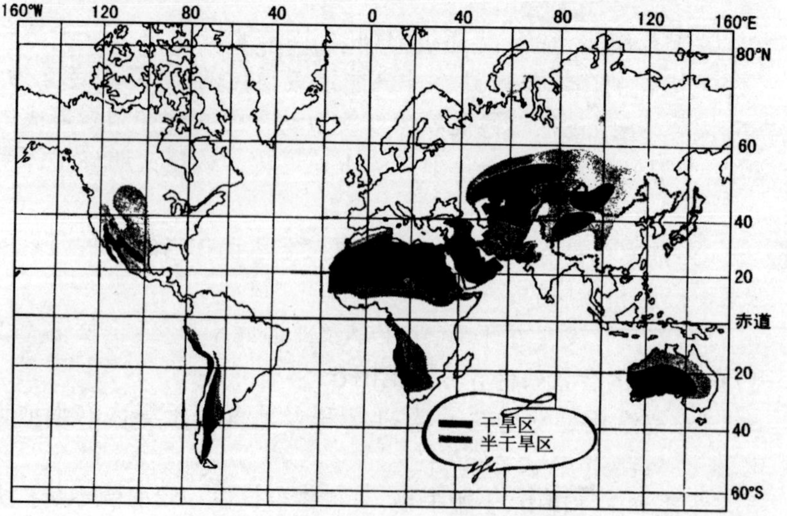

图 2.2 全球干旱及半干旱区的分布

发生在我国的土地荒漠化主要表现为沙质荒漠化(简称沙漠化)。我国北方地区分布有大范围的沙漠及沙地 $6.038\times10^{5}km^{2}$(表 2.3),戈壁 $5.695\times10^{5}km^{2}$(表 2.4),不同发展程度的沙漠化土地约 $6\times10^{4}km^{2}$(表 2.5)。

表 2.3 我国西北地区各大沙漠面积(单位:$\times10^{4}km^{2}$)

沙漠名称	面积	沙漠名称	面积
塔克拉玛干沙漠	37.76	乌兰布和沙漠	0.99
库姆塔格沙漠	2.28	库布齐沙漠	1.61
古尔班通古特沙漠	4.88	毛乌素沙地	3.21
柴达木盆地沙漠及风蚀地	3.49	浑善达克沙地	2.14
巴丹吉林沙漠	4.43	科尔沁沙地	4.23
腾格里沙漠	4.27	呼伦贝尔沙地	0.72

表 2.4 我国西北地区戈壁面积(单位:$\times10^{4}km^{2}$)

省(区)	面积	省(区)	面积
新疆	29.30	内蒙古	18.80
甘肃	4.90	宁夏	0.25
青海	3.70	合计	56.05

表 2.5 我国西北地区沙漠化土地面积(单位:km^{2})

地区	面积
河套及乌兰布和沙漠北部	2342
阿拉善中部	2600
狼山以北	2174
河西走廊绿洲边缘	4656
宁夏中部及东南部	7687
柴达木盆地山前平原	4400
贺兰山西麓山前平原	1333
古尔班通古特沙漠边缘	6248
腾格里沙漠南缘	640
塔克拉玛干沙漠边缘	24223
弱水下游	3480
合计	60376

此外,还有风蚀性的低山丘陵、戈壁面上零星分布的风蚀残域

以及大面积风蚀性土漠。沙漠及沙漠化地区年降水量多在150mm以下，植被稀少，沙尘物质极其丰富，风蚀强烈，形成大范围荒漠化地带，我国北方沙漠和沙地分布见图2.3。表2.6给出了中国北方半干旱地区沙漠化土地面积扩展状况，从中可以看出，广大北方中东部沙地是沙化土地扩展的主要地区，沙化土地的平均扩展速度约在4%～10%之间。

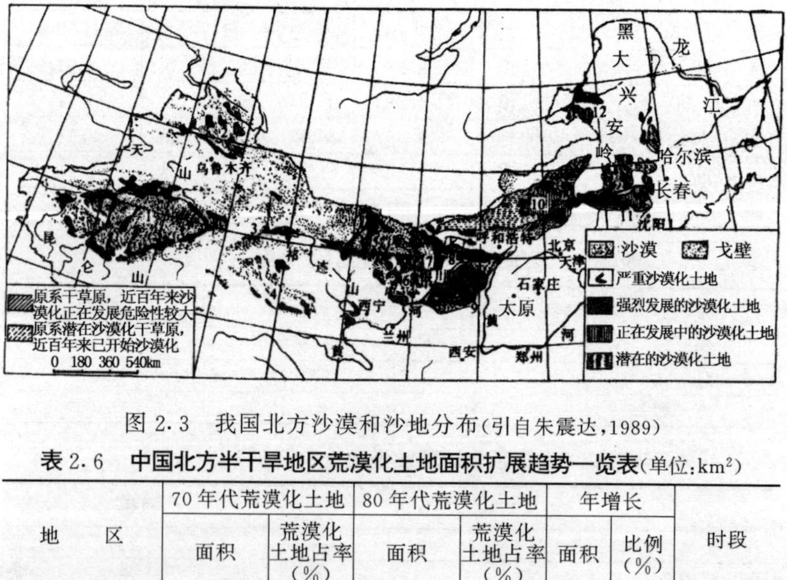

图2.3 我国北方沙漠和沙地分布(引自朱震达，1989)

表2.6 中国北方半干旱地区荒漠化土地面积扩展趋势一览表(单位:km^2)

地区	70年代荒漠化土地		80年代荒漠化土地		年增长		时段
	面积	荒漠化土地占率(%)	面积	荒漠化土地占率(%)	面积	比例(%)	
科尔沁沙地西北部	28971.0	68.4	32851.0	77.6	323.0	31.12	1976～1988
河北坝上草原农垦区西部	1761.7	13.4	3272.0	24.9	125.9	7.14	1975～1987
河北坝上草原农垦区东部	762.3	22.3	336.6	39.1	47.6	6.28	1975～1987
内蒙古察哈尔草原农垦区	2848.3	31.5	59929.0	661.0	262.1	9.20	1975～1987
内蒙古乌盟后山	2031.4	4.4	4055.2	8.7	168.7	8.30	1975～1987
伊克昭盟鄂尔多斯草原	43407.0	88.3	45973.0	93.6	256.6	0.59	1977～1986
陕西北部榆林地区	7808.0	43.3	8166.9	45.3	35.9	0.46	1977～1986
宁夏东南部盐池县草原区	1368.9	29.0	1845.5	31.8	47.6	3.48	1977～1986

就全国来看,沙化土地从 20 世纪 70 年代的 1560km^2/a 增加到 80 年代的 2.1×10^3km^2/a 和 90 年代的 2.46×10^3km^2/a,相当于一年一个中等县的土地面积。因此,这里成为亚洲沙尘暴的多发区之一。

荒漠化的自然成因

我们知道,地球上的沙漠主要分布在两个地带。一个地带是赤道南北纬 15°～25°N 之间,如北非的撒哈拉大沙漠,澳大利亚的维多利亚大沙漠,阿拉伯半岛的鲁卜哈利沙漠,印度、巴基斯坦的塔尔沙漠。这些地带常年处于副热带高压的控制下,或处于信风带的背风一侧,属于热带干旱、半干旱气候区。受副热带高压控制的北非,西南亚和澳大利亚中西部地区,降水量很少,年降水量不足 200mm,有时甚至连年无雨,加之终年高温(最热月份平均气温可达 32～36℃),蒸发强烈,植被稀少,荒漠化越来越严重,形成了热带和亚热带沙漠。

另一个地带则是北半球 35°～50°N 的亚洲和北美大陆内部。由于远离海洋或受高原(高山)阻挡,暖湿气流难以到达,不易受海洋气候的影响,常年在极地气团或冷高压控制下,冬寒夏热,气温年较差大,降水少,呈现大陆性干旱、半干旱气候,加之这些地区土壤盐分高,土层薄,质地粗,易于风化、风蚀,故这一地带极易形成沙漠,其边缘地区由植被稀少逐渐过渡到荒漠化沙地。如我国的塔克拉玛干、柴达木、科尔沁、呼伦贝尔等十二个大沙区都属于这一气候区(见表 2.7)。

热带地区的太阳辐射增热量大大超过极地,所以大气圈和海洋容易造成来源于热带到极地的极不均衡的增热。在此过程中,产生了决定气候的风和洋流,如图 2.4 所示。

此外,有一与经向相反的环流,即哈得来环流。该环流在热带是上升气团,而在亚热带却是一下沉气团。

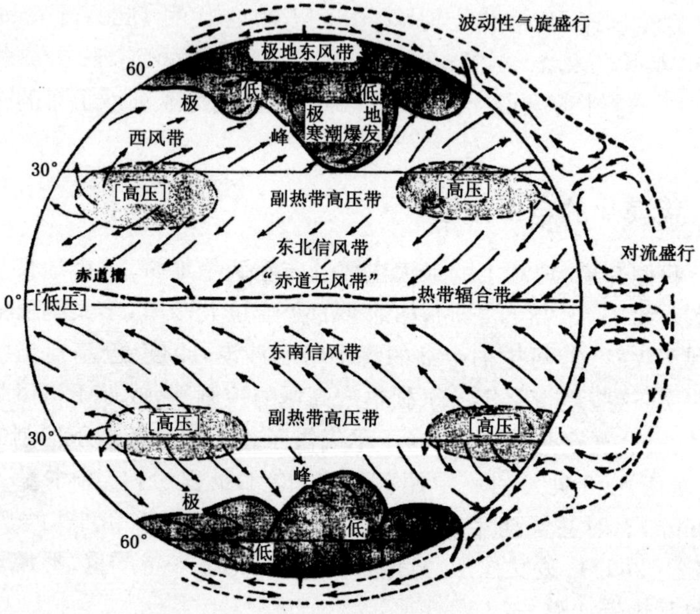

图 2.4 大气环流示意图

表 2.7 我国 12 个沙区降水的气候特征(引自贾文忠,2002)

沙漠名称	地理位置	海拔高度(m)	年降水量(mm)	干湿状况	年降水变率(%)
塔克拉玛干沙漠	新疆塔里木盆地	500～1500	25～50	干旱	40～50
古尔班通古特沙漠	新疆准噶尔盆地	200～1000	100	干旱	＜30
马鬃山前和祁连山麓沙漠	新疆甘肃毗邻地区	1000～2000	50～75	干旱	30～50
柴达木盆地沙漠	甘肃柴达木盆地	1500～2000	25～50	干旱	40～50
巴丹吉林沙漠	阿拉善高原	1000～1500	75～100	干旱	30～50
腾格里沙漠	宁夏贺兰山北部	1000～2000	100～200	干旱	25～30
乌兰布和沙漠	宁夏贺兰山北部	1000～1500	100～150	干旱	30
库布齐沙漠	内蒙古河套平原南部	1000～2000	150～400	干旱	30
毛乌素沙地	鄂尔多斯高原南部	1000～1500	300～400	半干旱	25～30
浑善达克沙地	内蒙古中部	1000～1500	200～300	半干旱	20～25
呼伦贝尔沙地	呼伦贝尔高原南部	500～1000	400	亚湿润	15
科尔沁沙地	内蒙古哲里木南部	0～500	400～500	半干旱	15～20

在上升气团中，水蒸汽被垂直输送到一定高度冷却、凝结，最后以降雨的形式降落。然而在下沉气团中，作用与上升气团完全相反。下沉干燥空气被压缩，抑制降水，尽管下面有水分存在的可能，但实际上，水分被辐散到其他地区，当地自然降水很少，难以维持植被生长，形成了荒漠化地带。

荒漠之所以主要位于大陆的亚热带，包括澳大利亚、南极洲的许多地方以及格陵兰北海岸地区，主要是由于大气圈大规模的环流系统无法将水汽输送到这些地区，或者由于这些地区下沉气流盛行，很少形成降水过程。所以，大气运动、环流作用是形成荒漠很关键的自然因素。

荒漠化的社会成因

除了气候因素外，人类活动也在一定程度上加速了荒漠化的进程。就世界范围来讲，大规模农垦旱作致使大草原频繁发生沙尘暴，尤以美国中西部大草原和前苏联北哈萨克斯坦草原最引人注目。

美国 1934 年 5 月 11 日的特强沙尘暴过程，黑风暴覆盖区长 2.4×10^4km，宽 1.44×10^3km，高 3000m，遍及北美洲大陆 2/3 区域，进入大西洋数百公里。

北哈萨克斯坦草原面积约为 $6.0\times10^5km^2$，仅在 1954～1964 年间开垦生荒地达 $2.53\times10^5km^2$，占该草原总面积的 42.1%。结果，在原来所谓“清风”吹拂的大草原上，每年出现沙尘暴日数在 20～30 天以上，一次持续 12 小时，6～7 级风速的沙尘暴，仅在距地面高 1m，长 100m 的断面上，每小时所搬运的尘土和细砂达 55t。

沙尘暴所造成的土地沙化，在短期内植被难以恢复，造成垦区一片荒凉景象，形成大面积荒漠化土地。

据统计，沙漠化与经济活动强度和人口数量增加呈正相关。例如农牧交错地区人口平均年增长率高，平均人口密度从 1949 年

10～15 人/km^2 增加到 1980 年的 40～60 人/km^2，高者竟超过 80 人/km^2。人口的增加，加大了对土地资源的压力，于是要求进一步开垦草原和加大草原放牧的负载。

我国北方半干旱草原地带自 20 世纪 50 年代末以来已开垦农田 $6.667\times10^7hm^2$，但由于风蚀严重，耕地大量撂荒，成为沙尘暴的物源地。过度放牧使得草场严重退化，植被盖度降低，加速了沙漠化灾害的蔓延和沙尘暴的肆虐。

恩格斯《自然辩证法》一文中曾讲述了这样一件事，"美索不达米亚、希腊、小亚细亚以及其它各地的居民，为了想得到耕地把森林都砍完了，但是他们却梦想不到这些地方今天竟因此成为荒芜不毛之地，因为他们把森林砍完之后，水分积聚和储存的中心也不存在了"。我国北方地区的沙漠化过程与大规模的农业开发和过度利用是分不开的。甘肃民勤和东北的沙漠化过程就是明显的两个例子。

民勤绿洲的开发与沙漠化过程

夹在腾格里沙漠和巴丹吉林两大沙漠之间的民勤盆地，其生态环境的脆弱性是地质历史时期，随着陆海结构、纬度地带性、地貌格局的变化而早已孕育形成的。民勤盆地的人类文明可以追溯到 4000 年前，随着人类对这一地区开发规模的盛衰变化，沙漠化就一直伴随着人们，人们与沙漠化斗争的历史也就没有间断过(冯绳武，1963)。

(1)自然绿洲时期：民勤盆地广布着晚更新世晚期的湖积层，说明 1 万多年前盆地大部分为湖水淹没。进入全新世后湖泊逐渐收缩。这里发现的最古老文化层称沙井文化，是属于青铜时代末期的文化，时间大体相当于中原地区的周代。当时的气候温暖湿润(竺可桢，1990)、地理环境为一片"泽薮"。所谓"泽薮"就是大大小小的湖泊，湖泊间有水草丰美的天然草场，为数稀少的古人在这里狩猎和进行原始的牧业。我国最早的地理著作《尚书·禹贡》雍州中提到的猪野泽就分布在这里，随着水量的减少，泥沙淤塞，逐渐分解为猪野、屠休两泽。这就是说当时的腾格里沙漠为泽薮间有沙阜的，类似现今松嫩沙地，甚至为更湿润的水草丰美的地理景观，谈不上沙漠化。

(2)西汉对民勤盆地西河流域的大规模开垦,沙漠化的开始和发展:两千多年前整个我国北方为匈奴人游牧的场所。汉武帝派霍去病两次出击匈奴,迫使其势力退出整个河西地区,并向这一带移民开垦和命令士卒屯垦戍边以巩固边防。开发的重点是民勤盆地的大西河、小西河两侧及之间的地域。限于当时的农业技术,还只能开发有地表水引灌之便或地下水埋藏很浅利于开发的下游地区,对武威盆地只能零星地开发沿河及泉水溢出带的小片土地。因而大西河、小西河之间农业型绿洲逐渐形成。而民勤盆地沙漠化的历史也就从此开始了。

移民在开发天然草场初期,基本采用"游农"方式。经耕松的土地,靠天然撂荒很难恢复植被,土地裸露难于抵挡风的侵蚀,所以弃耕地迅速沙漠化;居住点附近过度放牧、樵采,也导致这些地方斑点状沙漠化土地出现并扩大;加之连年的对外战争、兵役、赋税、徭役的残酷盘剥,大批农民破产、逃耕,同时,汉王朝又调集大批人力物力在武威盆地兴修水利,灌溉绿洲开始上移。到西汉末年,武威绿洲已具有相当的规模,上游对水资源的开发利用使下游河水逐渐减少,最后成为季节性河流,湖泊也逐步退缩,尤其春耕季节上下游一齐争水,下游垦区土地大面积弃耕,沙漠化的步履随着农业的衰退愈加严重发展。到西汉灭亡时,风沙掩埋了河床、渠道,西河流域不可逆转地沙漠化了。

(3)唐代垦区向东、南萎缩,土地沙漠化亦随之向东和向南的扩展:隋初政策宽松,加上唐代我国正逢温暖湿润的气候适宜期,出现了约一个世纪的农业经济繁荣时期。但因繁荣主要在位于"丝绸之路"的武威绿洲,上游用水增多使下游水资源更加不足,致使民勤盆地绿洲范围向东和向南退缩。安史之乱后,藩镇割据河西,突厥的势力常威胁这里,连年战争使垦区废弃,唐代的废弃垦区,同样经历了一次强烈沙漠化的过程。

(4)明、清时期的复垦、垦区进一步向南、向东退却,沙漠化步步紧逼:明代为了巩固边防、防御蒙古民族的东山再起,内迁山东、山西、河南、陕西等地人民到河西,实行"寓兵于农"的屯田制度。守卫所的士兵携带家属开垦围田。在民勤盆地垦区明显向南退缩,限于盆地南部的镇番城(今民勤县城)、青松堡及苏武山西北一隅。整个石羊河流域的开垦史沿着历史的老套路重演了一遍:随着武威绿洲的复兴、水资源向上转移,田地因无水而弃耕引起沙漠化。明末的战乱、社会动荡,垦区多被废弃,沙漠化又一次强烈地发展。

清代全国版图统一后,康熙年间朝廷为充实国库,先后在嘉峪关内外大兴屯田,移甘肃56州县贫民2405户到敦煌耕种荒芜土地,将玉门镇附近耕地授给官兵种植,并在关内招募百姓充当屯户,设官督种。至光绪年间，河西走廊的开垦已具相当规模。嘉庆年间（公元1796～1820年）人口曾达到高峰。在民勤盆地大量移民集中开垦汉唐留下的东部天然草场，资源过度利用超过了历代王朝，道光五年（公元1825年）民勤的人口曾达到1.845万人，实熟地$2.53\times10^4hm^2$（镇番县志）。这时的武威绿洲发展规模更大。流域上下的同时发展使石羊河水资源更加紧张，民勤绿洲各河均变为季节河，从猪野泽退缩遗留的青土湖到乾隆年间已是“涝则水草茂盛，屯户籍以刍牧，间有垦作屯田处”了。人口的过快发展，水资源的日趋紧张和其它环境资源的过度利用，使生态环境极不平衡，沙漠化迅速发展。明天顺三年（公元1459年）建的青松堡在清顺治二年（公元1645年）裁去守兵，到了雍正三年（公元1726年）剩下的78户农民也为风沙威迫迁徙柳林湖，如今成为流沙中的一片废墟。明代肥田沃土中的边墙到了清代已是“沙淤渺无形迹，旧址尤存者，止土脊耳”。

民国时期，水利事业没有什么进展，农业也处于停滞状态。1929年前后连年灾荒，1930～1941年马步芳匪帮占据河西，民勤成了他们种植鸦片的基地，天灾人祸使整个河西的农业极度衰败，沙漠化也无控制的发展。据1944年的统计资料，整个河西的耕地中可灌的占74.2%，实际灌溉面积只有35.3%，可见农业生产和沙漠化之一斑。另据不完全统计，从19世纪中叶到1958年的百余年间，民勤绿洲因风沙压埋庄园6000多个，农田$1.74\times10^4hm^2$，“登高远望一片沙，大风一起不见家，朝为庄园夕沙压，流离失所奔天涯”，沙区人民唱着这支凄凉的歌流离天涯。

(5)解放后沙漠化的逆转和反复：解放后人民政府立即组织沙区群众兴修水利、治理风沙、恢复生产。首先是兴建各级灌溉渠系及配套工程，使人工灌溉渠系替代了半自然水系；1958年6月建成了设计库容量$1.27\times10^8m^3$的红崖山水库，成为人工灌溉渠系的水源，使之对地表水能够人工调控；对干、支渠道的衬砌使渠系地表水利用率从解放前的0.2～0.3提高到0.5左右；地表水利用率的提高，使民勤绿洲耕地的保灌面积达到$3.67\times10^4hm^2$。解放后对农田的基本建设还有平整土地、修筑田埂，改大面积块田为小面积的条田。60年代末到70年代初耕地面积曾达$7\times10^4hm^2$（后来因为无水弃耕$2.52\times10^4hm^2$）。截止1985年底，已有$3.95\times10^4hm^2$耕地建成了高标准条田。

新中国一成立，党和人民政府组织和领导沙区人民展开了大规模的治沙运动。早在1951年就开始采用粘土压沙，然后在沙丘上种籽蒿、沙米等固沙植物，然后又在绿洲内大规模植树造林。中国科学院治沙队科学地总结了群众经验，在全区推广科学治沙方法，并于1959年设立了民勤县治沙综合试验站。在流动沙丘上插风墙，在绿洲边缘的沙荒地上封沙育草，在风沙沿线营造防护林带，在农田边缘土埋沙丘、铺设粘土沙障，栽植梭梭，在河岸渠边营造护岸护渠林防风带，在村庄周围植树等，经过辛勤的努力，建成了林、灌、草结合的有效绿洲防护体系。所以，从解放到80年代初的30年中没有发生过大的沙丘迁移及沙埋庄园的事件。但随着全石羊河流域上下游一齐开发，水源头地和整个流域的环境平衡失调，灾难又一次降临。首先是水资源的匮乏，石羊河流入民勤绿洲的径流量从20世纪50年代的$5.88\times10^8m^3/a$，减少到90年代初的$2.7\times10^8m^3/a$；为了弥补灌溉水源，从20世纪70年代初开始大规模打井开采地下水，到了70年代中期已每年超采$1\times10^8\sim2\times10^8m^3$左右，导致地下水位下降；地下水位的下降又导致植被的衰亡，水资源不足，不得不弃耕土地，沙漠化则卷土重来。

历史是一面镜子，在西部大开发的形势下，向西北地区移民和开垦虽然是一项短期经济发展的措施，但需要加以科学论证，否则历史上河西开垦、撂荒、沙漠化的过程会又一次重演，加剧西北的荒漠化进程。

东北地区的农业开发与荒漠化过程

虽然东北地区具备荒漠化发生的潜在自然因素，但是，如果没有人类活动的参与，在目前的气候条件下该区应为以草原为主的自然环境。然而，不合理的人类活动导致了东北地区的土地荒漠化加速扩展。

中国东部沙地的南界也正是历史上农、牧业界限的分界。从秦汉历经唐宋至明清，来自北方的游牧经济与来自中原的农业经济之间曾有多次的冲突，每次冲突的结果都伴随着对生态环境的破坏和农、牧界限的南北摆动。在游牧民族占据时期，对生态环境的破坏程度是相对较低的，但是在农业占主导地位时，大量农垦活动对植被的破坏程度是相当高的。

大量的考古资料已经证实，在东部草原地区，最早的人类活动出现在旧石器时期，但其分布范围是极为有限的，仅在呼伦贝尔盟和锡林郭勒盟等地有零星分布。大量的早期人类活动出现在全新世气候适宜期（公元前6000～8000年左右）。数量众多的这一时期细石器文化遗址，广泛分布于东部草原地区。从出土的大量渔具和细石器来看，当时应是水草肥美的草原环境。野外考察表明，这些细石器文化无一例外，均出自全新世适宜期发育的黑土层。

那么，东北地区最早的农业活动是何时何地出现的呢？显然，最早出现农业的区域应该是最接近中原且与汉族往来密切的地区。就东北地区而言,内蒙古的昭乌达盟(今赤峰市)及辽西因其地理优势而成为最早传入农耕文化的地区,也是黑土地最早遭受破坏的地区,现今的浑善达克沙地和科尔沁沙地正是位于上述地区。

在上述两个沙地,最早的农业开发应当是始于约公元前7200年的兴隆洼文化期。当时是一种农业兼渔猎文化时期,生态环境是一种河流、湖泊众多的草原或森林草原环境。接下来的红山文化期(公元前4500～6000年),基本上与中原的仰韶文化对应。是一种以农业生产为主,兼营饲养家禽、狩猎和采集的时期。进入青铜器时代,这里存在着夏家店文化(公元前3500～4000年),考古发现表明当时为以农业为主兼营畜牧业的时期。

虽然在上述不同时期都有一定的农业成分,但由于当时人口稀少、生产力低下,其农垦的规模是十分有限的,因而对生态环境的破坏程度是相对较低的,仍然是以固定沙丘为主的草原生态环境。

西汉时期,东部草原地区以畜牧业为主。魏晋南北朝时期,少量的少数民族过着游牧的生活,对土地的破坏程度是较低的。唐朝虽然汉人大量迁入北方的游牧民族居住区开垦土地,但移民主要发生在鄂尔多斯高原,东部草原地区仍然在游牧民族的控制之下。10世纪初,辽王朝建立,总体上仍为牧业占主导的时期,但也开始发展农垦,随后农垦程度提高、范围扩大。及至12世纪的金代,已经开始出现沙化。元、明时期为少数民族活动区,以畜牧业为主,农垦规模大大缩小,植被有所恢复。及至清朝初年,东北地区又基本恢复了以草原为主的生态环境。到了清朝末年(光绪年间),实行"开放蒙荒"、"移民戍边",结果是使生态环境遭到空前的破坏,沙漠化也因此急剧加速。民国时期,来自山东、河北等地的大量汉人"闯关东",在东部草原地区进行空前的农垦。内蒙古仅在民国时期,人口净增加了近四百万,其中相当一部分直接来自移民。也正是由于晚清和民国时期的移民和大规模农垦,使东部草原地区在全新世适宜期的几千年里发育的黑土层,在人为破坏和风力吹蚀共同作用下很快被剥蚀殆尽,其下的沙层活化,大量的东北黑土地也从此沦为以固定和半固定沙丘为主的沙地。

如果说晚清和民国时期的过度农垦是历史时期东北地区荒漠化的一个转折点的话,那么,建国后的几次农垦高潮则上演的是"人造荒漠"中最为空前的一幕,由此将东北的黑土地全面推向了荒漠化的进程。1958～1960年的"大跃进"时期,在当时"向草原进军"的错误思想指导下,大量的优良牧场转变为国营农场,其机械化农垦的规模之高、速度之快，使历史时期那种刀耕火种的农垦相形见拙。1966～1975的“文化大革命”时期，在“以粮为纲”的方针指导下，开始了又一轮空前绝后的农垦，不仅当地的民众进行垦荒，而且知识青年“上山下乡”也踊跃地参与到这一“人造荒漠”的进程之中。后来，知识青年的回忆录能很好地反映农垦对草场的破坏程度。以北京知识青年为例，当时有众多的知识青年在锡林郭勒草原垦荒，在其回忆录中，清楚记载了农垦后的黑土地仅仅几年之后即开始出现沙化，并最终沦为荒漠。建国后的垦荒并不仅仅限于上述两个时期。90年代初，由于国家大幅提高粮食的收购价格，当地领导发现垦荒种地比发展畜牧业获益更为迅速，于是，呼伦贝尔盟等草原地区又开始了新一轮放垦。这些农垦地区的黑土层在两三年的翻耕之后即会吹蚀殆尽，下伏的沙层会很快活化。呼伦贝尔草原的草场已经严重退化，有3条沙带贯穿其中；锡林郭勒草原面临同样的沙化问题，其南侧的浑善达克沙地正在不断向草原入侵。

下垫面性质决定着在同样的风力条件下，风沙活动的形成和强度。一般而言，有植被覆盖的地表，风沙活动相对减弱。如植被覆盖度在10%～70%之间不同的地表，其起沙风的临界值则在6.0～17.0m/s。

近50年来，中国北方的土地利用方式和植被覆盖发生了很大的变化。在广大城乡居民集中分布的地区，城镇用地和农田、菜地增加，自然植被明显减少。在广大农林牧区，则农耕地明显增加，天然的灌丛草地则明显减少。近年来，人们的某些活动如樵柴，挖发菜、甘草等，肆无忌惮地破坏植被，使原本脆弱的生态环境雪上加霜。在宁夏等地滥挖甘草等中药材的活动使草场沙坑土堆遍地，成为名符其实的沙尘源，一遇大风，黄土沙尘滚滚飞扬，使生态环境遭到严重破坏，加速形成荒漠化土地，导致风沙活动加剧。

荒漠化与沙尘暴相互反馈

由于人类活动的影响，使生态环境发生改变，植被遭到破坏、土质松散导致地表裸露，进而加剧土地荒漠化，为沙尘暴的发生提供了充足的物质条件，所以强沙尘暴的频发既是荒漠化的恶果，又会加速土地荒漠化的进程。沙尘暴的年发生频率，可作为衡量土地荒漠化程度的一个重要指标。中国北方从东北到西北，分布着大面积的沙区。从气候和植被分布的角度，一般把贺兰山以东的半干旱沙区称为沙地，以西的干旱沙区称为沙漠。在广大干燥或极端干燥多风的地区，则广泛分布着不同类型的戈壁。

近几十年来，在广大北方农牧交错带、东北平原和华北平原还零星或片状分布着一些沙化土地。这些戈壁、沙漠、沙地及沙化土地分布区，构成了中国主要的风沙活动分布区。因此，在这些地区进行的各种经济、社会活动都不同程度地受到风沙活动的影响，严重者酿成风沙灾害。

中国北方风沙活动主要表现为沙化土地的扩展和强沙尘暴次数的增多。可以说，荒漠化为沙尘暴频发提供了物质基础，沙尘暴频发又促使荒漠化地区加速扩展。

沙尘暴与气候的关系

干旱、少雨是沙尘暴多发区的基本气候特征

我国西北地区深处欧亚大陆腹地，远离海洋，周围又有高山、高原阻挡，特别是青藏高原的隆起，成为夏季风难以逾越的屏障，来自海洋上的暖湿气流难以到达。致使西北地区，夏季水汽十分贫乏，降水稀少；在冬季，北方地形较开阔，来自蒙古——西伯利亚高压区的强大干冷气流长驱直入，造成异常干燥寒冷的气候，因此，西北地区是我国也是世界上最严重干旱区之一。

我国降水量的分布，自东南向西北递减，贺兰山以西，年降水量在 200mm 以下，贺兰山以东为 200～400mm，降水量最少的地区为塔克拉玛干沙漠、南疆东部、柴达木盆地西部以及巴丹吉林沙漠，年降水量在 50mm 以下，有的地方甚至不足 25mm。西部地区降水稀少，且很不稳定，即年变率大，降水多年平均变率多在 40%以上，甚至超过 50%。降水量的季节分配也极不均匀，主要集中在夏季 6～8 月，夏季又往往集中在少数几天内，降水的高度集中，使得连续无雨的干旱期很长，全年最长连续无降水日数，有时可达 7 个月至 10 个月，尤其是春旱特别严重。而蒸发却极为强烈，故地表

干燥，植被稀少，生态环境极为脆弱。

从气候角度讲，贺兰山是西北地区干旱和极干旱区的气候分界线。贺兰山西侧的年降水量明显少于东侧。如贺兰山西侧的拐子湖站年平均降水量只有 40mm，而东侧的盐池站年平均降水量为 288mm。降水量的悬殊差异，使东侧的地表湿度、植被覆盖程度都高于西侧，相应沙尘暴的发生次数也就低于西侧。

将沙尘暴天气分布图和北方地区年降水量图(参见图 2.5)、湿度分布图相配合，不难发现，年平均降水量 100～250mm 分布区恰好是沙尘暴天气易发区；而 100mm 以下降水量分布区正是沙尘暴天气多发区。同时年平均相对湿度≤50%的区域与沙尘暴天气易发区分布趋势基本是一致的。可见，沙尘暴发生区域分布在很大程度上取决于降水量的区域分布。如 1963 年春季西北地区大范围的沙尘暴，其成因之一就是由于 1962 年全国大范围的大旱严重，植被稀少，土地荒芜，地表裸露，加之冬季寒冷，地面土壤严重冻裂，来年春季回暖明显，地表浮土极为松散，一旦有强冷空气过境，产生大风，非常容易引起沙尘飞扬。反之，同样强度的冷空气只能造成大风，不能形成扬沙，更无法形成沙尘暴。

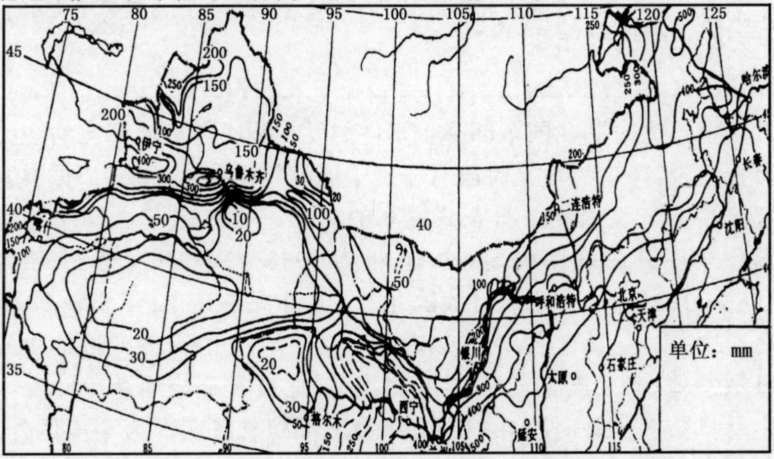

图 2.5 中国北方年平均降水量分布

较为典型的沙尘暴还有1971年5月18日的河西沙尘暴、1977年4月22日河西及河套沙尘暴、1984年4月19日和1984年4月25日河套沙尘暴，1993年5月5日河西至河套沙尘暴和2000年4月12日的沙尘暴都是在类似的气候背景下产生的。

气候变化影响沙尘暴

ENSO（厄尔尼诺与南方涛动）事件作为影响全球气候变化的一个强信号，不仅对热带而且也对中高纬天气气候产生深刻的影响。强沙尘暴年从前期到沙尘暴先期期间的赤道中、东太平洋海温均为正距平区，而无沙尘暴年则恰好相反，赤道中、东太平洋海温为负距平区。说明赤道中、东太平洋海温偏高（低），则次年4月我国西北地区发生强沙尘暴的可能性较大（小）。20世纪90年代后期我国西北地区强沙尘暴发生的日数增加，可能和这一时期ENSO频繁出现有关。

尚可政等通过对甘肃河西沙尘暴与赤道中、东太平洋海温的遥相关分析，结果表明：

(1)春季河西沙尘暴次数与前两年秋、冬季海温因子负相关最好。这意味着，当某年秋、冬季太平洋中、东部海温偏高（低）时，两年后的春季，河西走廊沙尘暴发生次数偏少（多）。

(2)就春季逐月而言，河西沙尘暴次数与前期海温因子之间的相关，3月份和整个春季大致相同；4月份仅与前两年9月海温因子负相关较好；5月份介于春、夏季之间。

据历史时期我国东部降尘事件的发生频次与气候变化的统计分析发现：降尘的频繁时段对应于干冷的气候背景。张德二据国家气候中心气候监测公报正式发布的（1951～1998年）全国平均气温距平序列曲线图确定：冷10年为1963～1972年，暖10年为1988～1997年。分别统计我国北方100个站在冷10年和暖10年时段中的沙尘暴日数，对比二者之间的差异。由冷、暖时段沙尘暴日数差值（参见图2.6）可以看出，我国北方大部分地点冷时段沙尘暴日数多于暖时段，除东北、新疆北部和甘陕南部为零值区外，仅仅在青海存在一片负值区。这与自历史时期以来我国东部地区大气降尘频数在冷气候期增多的研究结论一致。这也可说明，在一个比较长的时期内，生态环境演变与气候演变看上去基本同步。如果气候干冷，则由于降水较少，因而土壤干燥，植被稀少，风力较强，沙尘暴多发；如果气候暖湿多雨，则土壤湿度高，植被繁茂，风力较弱，沙尘暴较少。

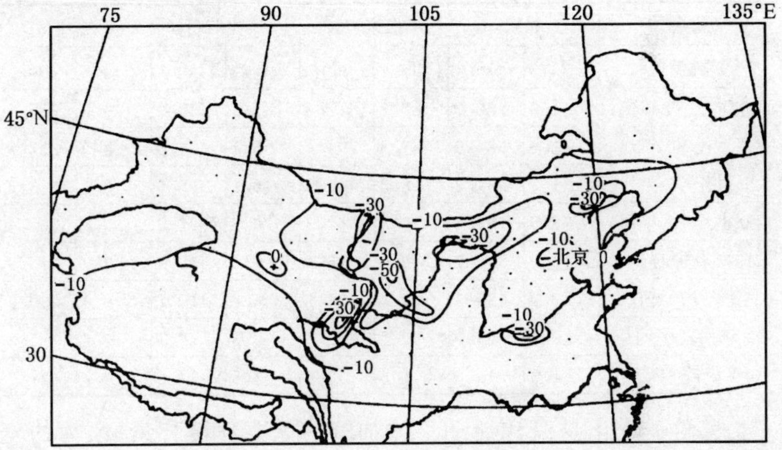

图 2.6　暖 10 年和冷 10 年沙尘暴日总数之差值图

气候干燥化加剧沙尘暴灾害

高尚玉等指出，中国风沙灾害加剧是在气候趋于干燥化背景下，人类大面积发展沙区生产造成的，并认为未来中国风沙灾害的发展主要取决于气候增温背景下降水时空分布、沙区风力变化和土地利用格局调整。史培军等指出，中国强沙尘暴灾害的逐年加剧是气候干燥化背景下，沙化土地扩展的结果。

近 50 年来，温度总体呈现出在波动中增高的趋势（表 2.8），增幅平均达到 0.5～1.0℃/10 年；与此同时，降水量变化北方 4 站除张家口外为减少的趋势，减幅达多年平均降水量的 10%/10 年～20%/10 年，张家口降水量在波动中略有增加的趋势，增幅为

5%左右。就总体而言,温度增幅大于降水。必然导致干燥度增加。使得土壤水分耗损,在同等风力条件下,植被或土壤的抗风蚀能力减弱,相对加速了以土壤风蚀为标志的风沙活动。

表 2.8 近 50 年来我国北方地区 4 个气象台站气温(℃)和降水量(mm)变化
(引自琦,2001)

气象台站	北京		张家口		呼和浩特		兰州	
资料年代	℃	mm	℃	mm	℃	mm	℃	mm
20 世纪 50 年代	11.6	782.0	7.2	417.5	5.5	438.2	9.2	335.6
20 世纪 60 年代	11.6	584.9	7.8	394.4	5.7	414.8	8.9	332.3
20 世纪 70 年代	11.3	567.3	8.2	440.0	6.2	398.0	9.1	318.6
20 世纪 80 年代	12.5	582.4	8.8	362.3	6.7	391.8	9.7	300.4
1991～1997 年	12.9	616.7	9.0	426.4	7.0	410.6	9.9	313.9
平 均 值	12.0	626.7	8.2	408.1	6.2	410.7	9.4	320.2
90 年代较平均值	0.9	−9.9	0.8	18.3	0.8	−0.1	0.6	−6.3
90 年代较 50 年代	1.3	−165.3	1.8	8.9	1.5	−27.6	0.7	−21.7

气候干燥化是风沙活动整体加剧的重要环境背景;风力的变化并没有形成明显的使风沙活动增多的现象,但其作为风沙活动的重要因素,造成风沙活动的波动不定;土地利用格局的明显变化,特别是在这一变化过程中,在广大北方晚更新世晚期形成的大面积伏沙区,使有植被覆盖的土地利用比例明显减少,这就相对加强了风沙活动,这也是北方风沙化土地扩展的一个重要原因。

自 1999 年以来,我国北方沙尘暴发生次数明显增多,且发生时间也明显提前了。分析发现从 1999 年以来,入冬后(11 月中开始)西北各地的平均气温偏高,降水偏少,造成土壤失墒严重,植被稀少,解冻的地表土层疏松,再加上西北戈壁沙漠众多,这就为沙尘暴发生提供了丰富的沙尘源,所以当冷空气频繁入侵时就易造成一次次的大风沙尘暴天气。

分析 1980～2001 年河西地区冬季气温演变情况,发现 1980 年以来仅 1996 年冬季平均气温在历年平均值以下,其余均在平均值以上,而且呈逐渐上升趋势,说明冬季在近年呈变暖态势。持续偏高的气温使得下垫面变得疏松,加快了土壤蒸发速度,加剧了该区域的干旱程度,对大风、沙尘暴提供了热力条件。

温室效应与沙尘暴

由于温室效应等作用,引起地球表面增温,也是沙尘暴频发的原因之一。

人口的增长有可能影响气候。例如:为了能源和粮食生产的需要,很可能在近10年内引起较低层大气和地表显著的增温,而不是变冷。提出变热的依据是:由于我们所燃烧的燃料在燃烧时释放出来的二氧化碳在大气中的含量增加;埋藏在地下的煤、石油、天然气和泥炭所释放的二氧化碳在增加。

通过对东西两半球进行观测,或从若干观测站取得的这方面的资料表明,大气中的二氧化碳的含量自1958年以来,到现在差不多每年增加1%。燃料燃烧所产生的二氧化碳一半被地球表面的海洋和森林所吸收,另一半则残留在大气圈内,这对全球温度产生重大影响。目前在大气中二氧化碳的含量按体积计算约0.033%(PPMV)。

地表被二氧化碳复盖时,吸收地面向上的长波辐射,并将一部分能量向下辐射返回地面,形成所谓的"温室效应",在区域上空12km内形成一个较热的对流层和一个较冷的平流层。二氧化碳含量越高,这种效应越明显。因此,大气中二氧化碳含量增加,地球表层的温度就上升。

地表增温量是由若干独特的大气圈模拟测定的,用来说明由于二氧化碳含量的变化而引起红外辐射方面的变化。同时许多其它因素,如大气圈的趋向有抑制温度递减率或温度递减与保持相对湿度不变的作用,由真锅(Manabe)和韦瑟罗德(Wetherald,1975)对资料进行最详细的计算,而这些模拟计算已由施奈德(Schneider 1975)和布迪科(Budyko)评介。根据科学技术水平的推理,一致认为再蒸馏的二氧化碳含量达到650PPMV左右时,地球地面温度将升高约2～3℃。在中纬度和高纬度地区可能更高一些。

多数气候学家相信,21世纪中叶时,地球将变得像8000～4000年以前被称为高热时期那样的温暖。

几乎全世界的古气候学家都一致认为:在高热时期,全世界一般都较暖和,并且在高纬地区的温度变化比在低纬热带的温度变化更大。

对我国西北地区最近40余年的强和特强沙尘暴频数的统计分析表明:强和特强沙尘暴,主要出现在春季降水偏少气温偏高的年份。须说明,在短期内生态环境演变滞后于气候演变。气温升高后,首先引起蒸发量增大,地表水分损失增加,土壤变得干燥,植被减少,使得近地面风力加强,同时地表易风蚀性加强,引起沙尘暴多发。

干旱气候与荒漠化相互反馈

一个地方的气候形成,下垫面起着非常重要的作用。从区域性的观点来看,沙漠通过红外辐射而损失到空间的热量比从太阳中获得的热量还要多。不存在云层时,有更多的红外辐射从地面释放到空间去,从而使地面冷却,特别在夜间尤其如此。结果在沙漠地区之上的整个空气柱冷却,引起空气下沉辐散,使当地空气变得干燥,抑制沙漠地区上空的降雨(如图2.7)。

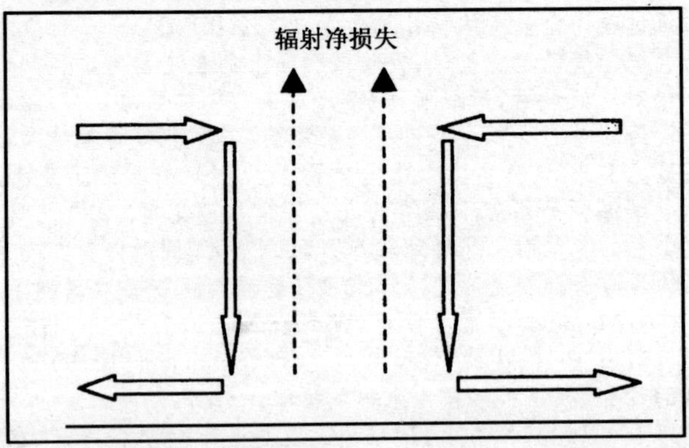

图2.7 荒漠化引起的局地环流示意图

家畜践踏土壤和过度放牧影响植物覆盖,进而影响到凝结核的产生。碎屑物质含有一种特殊的菌,它显著地起着高效率凝结核的作用。随着植被的退化,效率高的凝结核来源减少,引起对流降雨的可能性减少。

由于植被的减少和破坏，加之植被在恢复过程中所需时间、条件等因素制约，降水量整体呈下降趋势。地表裸露疏松，造成土壤蓄水能力减弱，植物蒸腾作用也随之减小，这样就造成近地层空气水汽含量的减少，使空气变得更干燥，这是土地荒漠化引起降水量减少的一条重要原因。大面积开荒造成降水减少，使得气候条件进一步恶化，进而又加速沙漠化进程，形成了恶性循环。在沙漠边缘土地上过度地放牧，会打破原本脆弱的生态平衡。确定一个生态系统到底能承载多少家畜合适，还没有最后定论。但过度放牧，造成草场退化，植被减少，气候干燥，土地荒漠化的进一步扩展是可以预见的。

沙漠区气候降雨量不稳定是其一大特点。在同一雨季里，暴雨的分布是不均匀的，变化多端的和难以预测的，因此，同一年内湿润度差别很大。在年际间也有巨大的差别。很多地区都可能有连续多年的干旱阶段。

在半干旱区，“干旱”就是长期缺雨。危险在于沙漠边缘地带由于植被破坏，裸露的地表使反射作用增强，引起空气下沉的增加，随之而加剧了干旱的程度。

由上述现象引起的土壤有机质的普遍流失还抑制其他成雨的可能性。由此可见，干旱的长期性和严重性，使植被和土壤进一步遭到掠夺性的破坏。必将反馈到气候变化，使土地荒漠化加速，进而导致沙尘暴频发。

形成沙尘暴的天气形势

环流形势与长波调整

沙尘暴多发期月平均环流特征：对西北地区春季 4、5 月发生强沙尘暴的典型年份和春季未发生沙尘暴的年份的大尺度环流场进行对比分析发现，对 4 月份而言，沙尘暴年 500hPa 层在中高纬中亚至东亚范围，巴尔喀什湖以西至里海上空为位势高度正距平，中心强度达 100gpm，巴尔喀什湖以东西伯利亚和蒙古高原为强大的负距平，中心强度达－350gpm，朝鲜半岛以东有一个正距平中心，中心强度达 150gpm。而无沙尘暴年则相反，500hPa 里海以西上空为负距平，里海以东至俄罗斯远东地区为正距平区，中心强度达 400gpm，我国东北至白令海为负距平，我国东北上空出现－200gpm 的负距平中心，5 月份情形与 4 月份相似。

从典型沙尘暴年春季 4、5 月平均减多年（1958～1997 年）平均风矢量距平场上看，在上述位势高度距平场上为正距平的区域正好对应差值反气旋环流，而在上述位势高度距平场上为负距平的区域正好对应差值气旋环流，可以看到，西北地区典型沙尘暴年最突出的特征是位于我国北部的温带气旋异常强盛。

从沙尘暴年春季 4 月温度距平场上看，沙尘暴年 500hPa 层中高纬中亚至东亚范围以及与我国西部的中亚上空为正距平，普遍达 0.3℃以上，我国北面的西伯利亚和蒙古高原为大片的负距平区，中心强度达－6℃以下，大兴安岭以东表现为一个强大的正距平区，中心达 1.8℃。对于非沙尘暴年，情形基本相反，我国西部以及蒙古国北面是一片广阔的正距平区，位于巴尔喀什湖和西伯利亚的距平中心分别达 1℃和 1.5℃，我国东部至北太平洋是一片负距平区，中心达 1℃以上。沙尘暴年在我国西北地区以及北面相邻的蒙古是一片正位涡距平带，最大中心分别位于蒙古西南部、青海北部、南疆盆地东部和西部。

总而言之，西北地区春季沙尘暴年和非沙尘暴年大尺度环流场和有关物理量场表现出明显差异，表明中高纬中亚至东亚范围呈现＋、－、＋位势高度距平，＋、－、＋差值反气旋环流和对流层上空呈现＋、－、＋温度距平，即中高纬中亚至东亚范围两脊一槽型呈主导型天气形势，这是西北地区春季沙尘暴年的主要大气环流特征之一。另外，沙尘暴年在我国西北地区以及北面相邻的蒙古出现正位涡距平。

形成沙尘暴的中短期环流形势特征：在我国西北地区形成沙尘暴天气的大气环流的基本特征是，前期在极地不断有强冷空气沿西北气流分股南下，并入西伯利亚的低压区，形成一个较深厚的冷槽。温度场明显落后于高度场，冷空气在迎风坡堆积，并进一步加强。与高空冷低槽的发展相对应，低层 700hPa，应有强的 24 小时负变温中心南下。

大范围沙尘暴天气过程的发生发展，总伴随着一次大尺度环流调整，即经向环流向纬向环流调整时，位于西伯利亚的冷空气迅速向我国境内由西北向东南爆发，若此时处在春季，且前期久旱无雨，对流层低层处于强烈不稳定时，则易造成大范围的沙尘暴天气。

经大量个例综合分析表明，有利于我国北方形成沙尘暴天气的 500hPa 环流形势有如下特征：

(1)极涡偏向东半球且强度偏强；

(2)北支锋区经向度加大且东亚大槽偏强。东半球 500hPa 环流形势经向度明显加大，锋区强度也加强；

(3)南支槽偏弱。南支槽偏弱使西南暖湿气流在向北输送过程中受到了抑制。

1950～1993 年西北地区几次典型黑风暴过程的天气特征如表 2.9 所示。

表 2.9　甘肃省历史黑风暴过程的天气特征

过程日期	风向	冷高压路径	瞬间风速(m/s)	最小能见度(m)	影响区域
1952 年 4 月 9 日	W	NW	＞25	0	张掖、武威
1971 年 4 月 5～6 日	W	NW	金塔 34	0	酒泉、张掖
1977 年 4 月 22 日	W	NW	张掖 33	＜5	酒泉、张掖
1983 年 5 月 18 日	W	W	张掖、高台 31	0	河西
1986 年 5 月 19 日	E	南疆热低压东移	安西 35	0	南疆、酒泉
1993 年 5 月 5 日	W	NW	金昌 34	0	金昌、武威

对以上个例进行分析，可看出：

(1)西北地区黑风暴主要发生在4、5月份，有西大风和东大风两类，以西大风为主。

(2)西大风类按冷高压路径分为西方路径和西北路径，以西北路径为主。东大风类是南疆热低压东移，柴达木、甘肃河西热低压前部的大风。

(3)西大风类西北路径型黑风暴的500hPa平均高空环流背景为：欧亚为移动性长波，黑风暴当天欧亚为两脊一槽型，长波槽从巴尔喀什湖移至北疆加深，低槽底部南伸至40°N，槽后有30～44m/s的强北风锋区。地面冷高压3天前平均位于乌拉尔山西侧中北欧地区，当天位于巴尔喀什湖以北地区。黑风暴冷锋当天08时呈现NE-SW向在哈密、若羌与敦煌之间，冷锋平均移速为10°/12h(约75km/h)左右，当天20时在张掖、民勤之间或银川、乌鞘岭与兰州之间。

(4)西大风类西方路径型黑风暴500hPa高空环流背景为：欧亚有移动性波动槽脊，中纬度西风带气流平直。大风当天乌拉尔山、北疆、华北分别为低槽，北疆槽线呈NE-SW向，槽后有20m/s偏西风锋区。地面冷高压中心前三天位于里海和咸海之间，当天移至北疆。当天08时冷锋在新疆东部七角井与哈密之间，南段压至阿尔金山北缘，冷锋移速与西北路径型相同，当天20时移至河西张掖、民勤一带，南段在柴达木盆地东部。

(5)东大风类黑风暴多发生在高空环流由纬向型向径向型的调整过程中，前3天乌拉尔山低槽东移加深，当天低槽接近帕米尔高原，南疆地面发展为热低压，冷空气翻越帕米尔高原进入南疆西部，迫使南疆热低压加深东移，黑风暴区位于热低压中心至东部外围区。

沙尘暴爆发主要发生在冬春季特定的环流条件下。根据许宝玉和钱正安等对历史上5次特强沙尘暴爆发前环流形势的合成分析，也根据其他许多强沙尘暴事件的分析，在沙尘暴爆发日上午

08 时(北京时,下同),对流层中、低层乌拉尔山东侧有强高压脊,该脊前的强低压槽在新疆北部;对应的地面图上,在中哈边境处有高于 1025hPa 的强冷高压,其前缘冷锋已到达哈密-若羌一线。

这是促发沙尘暴最常见的西北路冷空气入侵的典型环流形势,如图 2.8 所示。

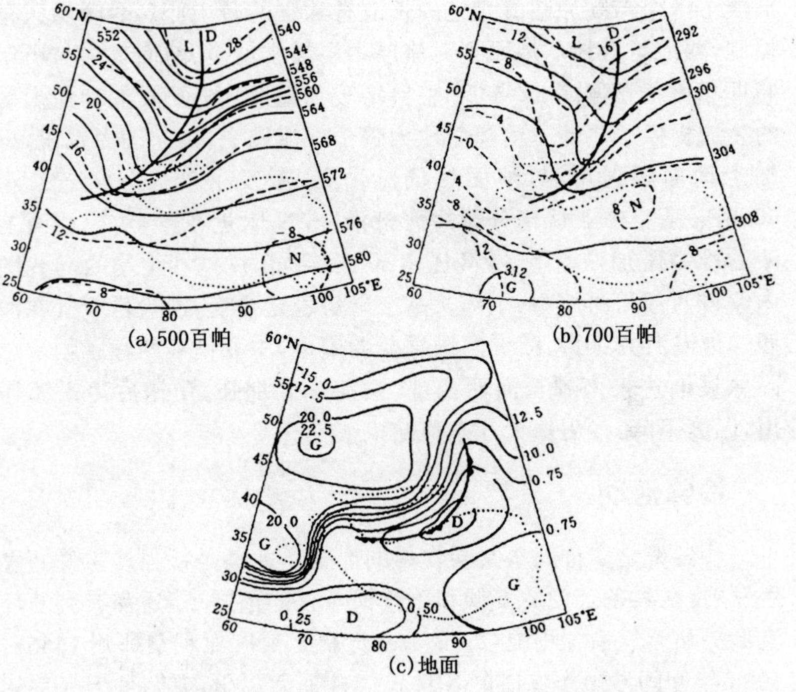

图 2.8 沙尘暴发生当日 08 时 500hPa、700hPa 诱发槽和地面冷锋

急流和最大风速中心位置的变化,决定沙尘暴落区的走向。而高空急流的存在,是动量下传产生沙尘暴的必要条件。高空急流加强,风速加大,再通过动量下传作用,使地面上出现大风和沙尘暴。

而高空动量下传必须具备两个条件:

(1)层结不稳定;

(2)有较大的风速垂直切变。

高原及河西增温

东大风类沙尘暴，其环流特征是纬向型向经向型转变，长波形势调整后比较稳定。欧洲高压脊发展加强，波幅及下游经向度逐渐加大，伊朗高压发展东移进入青藏高原主体，从新疆至河套范围内形成了一个与高原暖脊相连的长波脊和强的暖中心。受暖高压脊控制，西北区各地从地面到对流层中层异常增暖，地面气温与历年同期相比普遍偏高3～5℃。整层增暖为地面热低压发展和沙尘暴的生成提供了热能。南疆盆地为暖干气流输送，引起动力减压，再加上地面辐射增温，地面热低压发展，激发了沙尘暴天气。在500hPa高空中亚低槽分裂短波槽沿45°N附近东移，对应地面上蒙古冷高压加强南下，冷高压南部的强劲东风把沙尘暴吹向我国内蒙古西部和河西中、东部。高空形势稳定少变，沙尘暴天气在河西等地漫游并维持，欧洲高压脊减弱南退，中亚槽开始翻越帕米尔高原逐渐进入南疆至河西西部，槽前锋区加强，受槽后冷平流作用，温度下降，沙尘暴天气东移结束。

冷锋活动

沙尘暴是多种因素共同作用的产物。尤其是特强沙尘暴的发生发展，在具备宏观的气候和下垫面条件的前提下，还需有利的环流形势和天气系统相配合。Brazel分析了美国亚利桑那州1965～1980年期间沙尘爆发时的各种天气特征后指出，有四种天气系统（锋面系统、雷暴与对流、热带扰动和上层切断低压）易导致沙尘暴的产生。

江吉喜等通过对7次特强沙尘暴的研究认为，强沙尘暴天气的发生一般可分为三种方式：

①锋前飑线引起的强沙尘暴，它是西北和华北北部地区最主要的一种强沙尘暴天气过程；

②锋尾强对流云团引起的强沙尘暴，此种强沙尘暴的特点是

强度特强，但影响范围相对较小；

③锋前强对流云团引起的强沙尘暴，以这种方式形成的特强沙尘暴出现频率较小，但影响范围却较大。

胡隐樵等研究了干飑线和强冷锋前干飑线发展同黑风暴爆发的关系后指出，由于强冷锋过境时冷锋前干飑线移到被强烈太阳辐射加热的地表以及条件不稳定大气层结地区，干飑线进一步发展致使黑风暴爆发。

春季是我国西北地区冷锋活动最频繁的季节。每次强冷锋过境后都会产生很强的变压梯度，由此可产生 20～30m/s 的瞬时变压风，冷锋后出现较大的正变压中心，变压风亦加强了地面风速。大风所经之地，常导致沙尘暴的产生。

冷锋后偏北大风在春季出现最多，是中纬度地区出现强沙尘暴的主要天气系统。冷锋后出现大风的原因，主要是锋后有强冷空气活动，冷空气下沉，动量下传使其后地面风速加大。

对强沙尘暴的分析表明，冷空气翻越天山和帕米尔高原进入南疆，高空槽是否可能在新疆强烈加深，是甘肃河西走廊及西北地区东部出现强沙尘暴的关键条件。

冷锋的强度可用沙尘暴发生当日 08 时 500hPa 槽前正负变高和 700hPa 诱发槽前的锋区的温度梯度作为标志。沙尘暴发生时锋区常呈东北-西南走向，若用老东庙至阿勒泰、酒泉至乌鲁木齐间的温度差 $\Delta T_{老\text{-}阿}$ 和 $\Delta T_{酒\text{-}乌}$ 来表示西北冷锋的强度，西北几次沙尘暴诱发槽及地面冷锋见表 2.10。在各例中锋区两侧温差很大。

冷锋强度也反应在地面变压场上，特别是地面 3 小时变压场更明显。表 2.11 中列举了各次沙尘暴当日 14 时冷锋前(后)的 $-\Delta P_3$(ΔP_3) 中心值及出现地点，除“86.5.19”个例外，其余四次锋后 $+\Delta P_3$ 几乎均达 5hPa 以上，这对正常气压日变化本应为降压的 14 时来说是相当强的升压了，显示了冷空气之强劲。锋前的 $-\Delta P_3$ 也在 -3.5hPa 以下，也明显强于正常日变化，预示着锋前热低压还在强烈发展中，显示了暖空气之活跃。因而锋前后变压差大，气压梯度亦大，利于强风产生。另外，冷锋前后正、负 ΔP_3 中心连线方向正好与各次沙尘暴冷空气主力的移向一致。因此在12小时以内的沙尘暴短期预报中，及时注意 ΔP_3 值的变化及移动方向对沙尘暴的强度和移向的预报很有帮助。

表 2.10 沙尘暴个例发生当日08时诱发槽前的锋区若干统计

(引自许宝玉，1997)

个例日期	500hPa 乌山脊前(诱发槽区) ΔH_{24} (dgpm)			700hPa 锋区(℃)	
	当日	前1日	前2日	$\Delta T_{老-阿}$	$\Delta T_{酒-乌}$
1971年4月5日	+24(−21)	+14(−13)	+13(−10)	15	20
1977年4月22日	+25(−17)	+27(−13)	+13(−16)	21	18
1983年5月18日	+5(−6)	+8(−9)	+7(−17)	9	7
1986年5月19日	+16(−11)	+13(−10)	+6(−10)	2	10
1993年5月5日	+24(−20)	+20(−9)	+20(−18)	19	14

表 2.11 各个例当日14时地面冷锋前后 ΔP_3 中心分布和沙尘暴区移向

(引自许宝玉，1997)

个例日期	ΔP_3 值(hPa)及位置		沙尘暴区移动方向
	冷锋后	冷锋前	
1971年4月5日	7.9(铁干里克)	−3.5(安西)	由西向东
1977年4月22日	8.8(敦煌)	−3.7(金塔)	由西向东
1983年4月5日	4.9(哈密)	−4.4(金塔)	由西向东
1986年5月19日	1.5(哈密)	−1.9(酒泉)	由西向东
1993年5月5日	5.5(丁新)	−3.7(民勤)	由西北向东南

高、低空急流

强沙尘暴绝大多数出现在当地午后至傍晚。强沙尘暴来临前，天气晴朗，地面太阳辐射强度较强，出现较强的正变温区，但对流层中部有时出现负变温，大气层结极不稳定。若高空有强风速带建立，这时风速垂直切变很大，即在垂直方向上有大的动量梯度存在，极有利于高空动量下传，加强近地面大风，甚至于出现低空急流。

沙尘暴天气出现前期，青藏高原东部低空常出现大幅度增温，促使高原东北部低涡（如柴达木低涡）发展，若蒙古高原东南部同时也有高压发展，则可导致高原北部河西走廊地区低空东风急流的形成。这是巴丹吉林和腾格里沙漠、甘肃河西走廊乃至河套西部地区发生大范围强沙尘暴的重要条件。

分析 300～200hPa 高空形势，沙尘暴期间，在 55～60°N 有一支强的极锋急流，这支西北急流由北欧经西西伯利亚进入新疆北部，与从 35°N 附近北上的副热带西风急流在我国西北区汇合，形成一支风速达 25～50m/s 的西风急流。急流合并后东移南压，强度加强，急流轴所在层次以下的风速加大。急流的这种振荡合并，对沙尘暴发生起到了重要作用：使得对流层中、下层 500hPa 和 700hPa 锋区明显加强；导致大气层结不稳定和低层中低压的发展。

高空急流加强，自急流中心不断向下伸展，动能下传，下层西风气流加大，对流层锋区加速东移，高层先降温，不仅有利于形成不稳定的大气层结，上升运动加强；而且引起地面减压，有利于地面中低压的发展。可见两支急流异变时非平衡状态的变化为中小尺度系统的发生、发展以及沙尘暴的产生提供了有利的大尺度背景。

锋面气旋与热低压发展

冷锋前强烈发展的低压是造成沙尘暴的重要地面天气系统。西西伯利亚气旋形成后，与冷锋同时东移至蒙古国西部，锋前动力和平流减压，出现大片负变压区，低压加深，锋区气压梯度加强。冷锋穿越巴丹吉林大沙漠东南移，锋后蒙古国西部形成强沙尘暴区，同时内蒙古和甘肃也开始出现大风扬沙天气。蒙古国沙尘暴中心形成于冷锋加强的过程中；西北区强沙尘暴大多数是由于蒙古气旋冷锋锋生引发的。

春分(3 月 21 日)过后,太阳视赤纬角开始从赤道向北移动,随之北半球中、低纬度地区的太阳辐射量增加,北方沙区尤为明显,加之位于咸海到伊朗高原的南支低槽前暖气流逐渐向南疆盆地和青藏高原及其以北地区输送,使该区于 3 月底和 4 月初回暖持续增温,青藏高原东北部区域内的增温幅度最大。高原增温和南支槽前正涡度平流的输送,可使青藏高原北部及南疆盆地低值系统发展,随后出现大范围的偏东大风。这种气温升到最高后而出现的大风天气,反映了"热极生风"的天气现象。此时,南疆盆地、河西走廊西部出现热低压。在有利的高空环流形势下,西北地区沙尘暴期间主要有三个地面低值天气系统影响,一是南疆热低压;二是河西中尺度低压;三是与冷锋相伴随的蒙古和东亚气旋。

塔里木盆地热低压或柴达木热低压及河西中尺度低压生成发展、东移主要影响到我国西北地区。影响华北、内蒙古的沙尘暴,主要为来自北和西北路,也有西路和本地形成的。北和西北路与东亚气旋相联系,西路与气旋锋面相联系;本地形成的与华北低槽和入海高压相联系,东北冷涡也可造成华北地区的扬沙或沙尘暴天气。

当亚洲北部西风带锋区活跃时,多不稳定小槽东移并强烈发展,往往造成了蒙古国东部到我国内蒙古东部锋面气旋生成并急剧发展东移,产生沙尘暴天气。

东亚气旋一般为东亚高空经向型环流发展,东北地区上空为深厚的低涡。冷暖平流显著,槽前及槽的底部为强上升运动区。在地面天气图上,贝加尔湖至黑龙江流域有气旋猛烈发展。气旋环流包括蒙古、华北和东北,冷高压中心偏北,在贝加尔湖以西。沙尘暴多发生在气旋暖区。随着冷锋的南下,沙尘暴范围扩散至冷锋后部。若 500hPa 高压脊线稳定在 90°E 附近,冷中心沿脊前南下,锋区极强,华北地区都处在脊前强西北气流里。地面图上在蒙古国东部至内蒙古附近有气旋强烈发展,在气旋发展东移的过程中,出现沙尘暴天气。其特点是沙尘暴发生在气旋冷区。

强冷空气翻越天山山脉，与南疆(或甘肃河西)的暖空气相遇。气压梯度及温度的水平梯度均比一般冷锋强得多。等温线、等压线极为密集，风力极强，沙尘暴沿冷锋向东推进。来自中亚、经新疆的沙尘暴，经过几个沙漠，会几度加强，影响整个北方地区。

华北干槽常是东北气旋的延伸槽，与太行山脉的地形作用相关联。在河北平原的午后常形成偏南大风，在河滩沙地或干燥的耕地上形成沙尘暴。在入海高压的后部也常造成华北东南部地区的午后偏南大风，当高低空风向一致风速垂直切变大时，动量下传，午后风力加大，也可在河滩沙地或干燥的耕地上形成局地沙尘暴。

影响沙尘暴的中小尺度天气系统

沙尘暴，尤其是特强沙尘暴是由大、中、小各种天气尺度系统及其特殊地形和下垫面条件共同作用的产物。大尺度天气系统提供了激发中尺度系统的有利环境场，而许许多多的小尺度系统组织在一起又形成了特殊的中尺度系统、中尺度对流复合体(如对流云团、干飑线、中尺度低压等)，使局地天气更加剧烈。

干飑线

根据大气科学辞典给出的定义，突然发作的强风称为飑，飑的特点是持续时间短暂，出现时瞬间风速突增，风向突变，气象要素随之也有剧烈变化，以致猝不及防，造成灾害。飑形成于不稳定的气团中，多发生在冷锋前的暖气团中。最大风速可达 20m/s，有时甚至达到 50m/s，并常伴有雷暴降水甚至冰雹。飑常不只在一处发生，而是排列成线状，称为飑线。

飑线，也称不稳定线或气压涌升线，为中尺度天气系统之一。这是一种范围较小、生命史较短的气压和风的不连续线。它是由许多雷暴单体排列成带状的狭窄云带，宽度约 20～50km，长度为几十至几百公里，维持时间为 4～18 小时。飑线过境处，风向急转，风速剧增，气压陡升，气温骤降，常伴有雷暴、暴雨、大风、冰雹和龙卷等剧烈天气现象。飑线是对流风暴的一种。中纬度地区的飑线常发生在春夏之交，多出现在地面冷锋前或气旋波的暖区及高空槽后西北气流里的短波槽下方，其结构如图 2.9 所示。

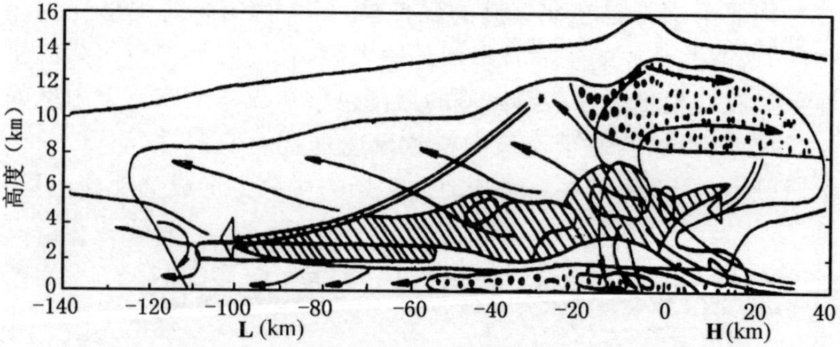

图 2.9　中纬度飑线系统的概念模式(取自 Smul 矍等,1985)

由图可见，低层前部有强流入气流，而后都有强流出气流。在飑线前，约 200hPa 的高层为出流区。从低层进入雷暴云体的湿空气，向着逆切变气流方向倾斜上升，然后流出云体，并与云区周围的干下沉气流形成一个后倾的环流圈。在雷暴云体后部，从中空卷入的环境空气，形成湿下沉气流向顺切变气流方向倾斜下沉，到低层流出雷暴区。

另外，飑线对流单体前方存在阵风锋面，阵风锋面之后有下沉冷气流，而其前方却有强的相对于阵风锋面的反向上升气流，并卷入云体。从图 2.9 中可明显地看到下层相对于阵风锋面移动方向相反的反向气流。据一些观测表明，飑线的阵风锋面前反向上升气流速度范围可达 1～63m/s。当飑线过境时地面记录显示出气压急剧上升，气温下降，并伴随雷暴或强积云降水过程。所谓干飑线，其气压场、温度场、风场特征很清楚，但由于缺乏水汽，仅有微弱降水或无降水出现。

1993 年 5 月 5 日“黑风暴”飑线特征

1993 年 5 月 5 日“黑风暴”有一系列飑线的基本特征。黑风暴过境时也伴随着气压急剧上升和气温急剧下降。例如，首先发生黑风暴的永昌地区，地面记录表明黑风暴过境时 3 小内变压达 8hPa，降温 20℃。黑风暴内存在如沙墙一样的沙暴锋面，而且沙暴锋面前下部向内凹现象，说明沙暴锋面前方也有相对于锋面的反向上升气流卷入沙暴云体内。这种上升气流可能是卷起干燥地表沙尘的主要动力。

如果像飑线阵风锋面前反向气流那样达每秒几十米，沙暴锋面前的反向气流卷起尘沙甚至石块是完全可能的。同一般飑线不同的是，黑风暴过境未出现强雷暴或强积云降水过程，而且探空曲线显示假相当位温 θ_e 属条件不稳定，离饱和相当位温较远，说明大气较干燥。这也说明黑风暴是一种强干对流，所以称上述现象为干飑线。

飑线是一种特殊的中尺度天气系统，由强冷锋前低层风辐合发展的中尺度低压，低压环流产生强水平辐合使上升运动加强，层结趋于位势不稳定，从而发展成干对流。这种干对流形成类似于飑线的对流单体，对流单体阵风锋面之后的下沉冷气流与地表高温区温差加大，引起大风，风速水平切变辐合加大，导致强的干对流天气系统即干飑线。

黑风暴天气同一般沙尘暴天气的差别，除了强度不同外，黑风暴是由具有沙暴锋面的干飑线形成的。

中尺度低压

地面气压场分析表明，发生在我国北方地区，尤其是西北地区的沙尘暴几乎都与冷锋相联系，锋前通常有一个水平尺度为 150km 左右的中低压生成，低压中心气压在 992.5hPa 以下，水平气压梯度在 4.6hPa/100km 以上，中低压后部有中高压，对应于碧空天气。冷锋进入中低压后，进一步发展，有时冷锋前又有水平尺度近 100km 的中低压生成。

如 1993 年 5 月 5 日金昌风速曲线和相应的小波分析表明，当日黑风暴过程中有多种中小尺度系统结构存在，如图 2.10 所示。

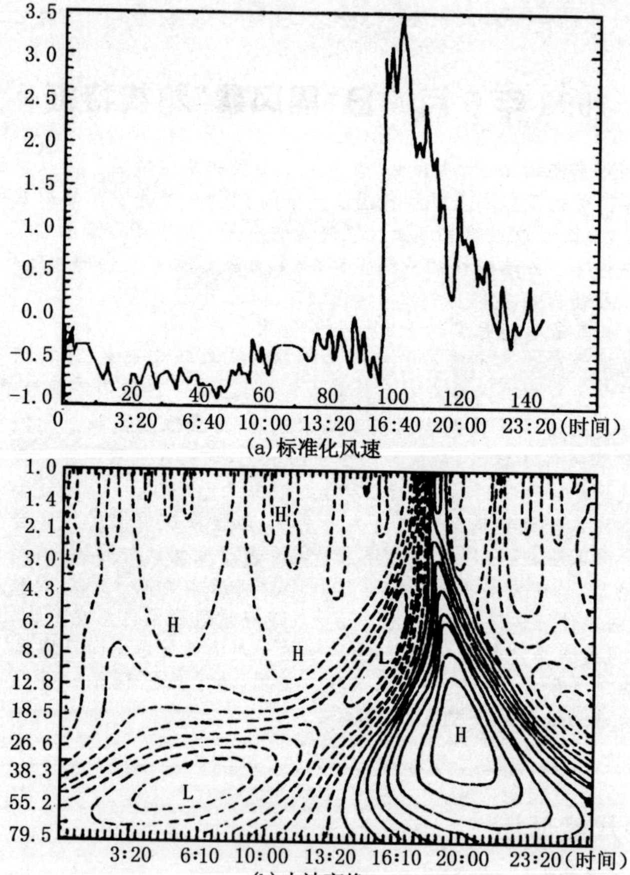

(a)标准化风速

(b)小波变换

图 2.10 1993 年 5 月 5 日金昌标准化风速与小波变换图
(引自陈敏连,1993)

通过卫星图像和地面天气图综合分析,发现除了单一性的沙尘暴外,还有与对流云雨相混杂的沙尘暴。中尺度对流云体既能够引起沙尘暴,沙尘云又可以激起对流运动的加剧,形成上湿下干,沙中有雨的天气结构。个例分析结果显示,特强沙尘暴中心区,总是与中尺度低压或中尺度飑线相联系。瞿章等的研究结果表明:沙尘暴天气虽然一般都伴有7级以上的大风,但有些不伴有沙尘暴的大风,却比与沙尘暴相伴的风力还要大,而且年平均沙尘暴日数远小于大风日数的事实均表明,对流层低层强烈的对流不稳定是"起沙成暴"的最重要条件之一。

Joseph对季风来临之前的季节内发生在印度西北部称之为安德海(Andhi)的对流性沙尘暴的研究结果表明,当地的沙尘暴多数也都与中尺度系统相联系,如1973年5月13日,在新德里机场观测到的一次沙尘暴就与风速为84km/h的中尺度飑线系统相联系。

1976年5月20日的沙尘暴同样是由风速为73~80km/h的强风暴系统造成的。发生在阿拉伯海湾的沙尘暴也常常由中尺度的雷暴系统所造成。甘肃河西地区大风、沙尘暴最强的时段内,河西中、东部先后有1~2个中尺度低压生成并发展,在中低压生成之后发展最强盛的阶段,出现大风沙尘暴天气,随着中低压的减弱消亡,沙尘暴也逐渐减弱为浮尘。因此中低压是激发沙尘暴的重要天气系统。尽管地形、下垫面、大尺度环流背景和天气系统是产生沙尘暴的必不可少的条件,但在上述条件具备的情况下,中尺度天气系统对沙尘暴的产生却起着最直接的作用,尤其对沙尘暴强度影响更大。

地形对强沙尘暴的影响

强沙尘暴发生有一定的地域分布,其中局地地形的作用也是一个不可忽略的因子。

地形的狭管效应

当气流由开阔地带流入峡谷时,空气将加速流动,风速增大,这种地形的"狭管效应"确实在强沙尘暴形成中起了重要的作用。

当冷空气由新疆入侵并经过塔克拉玛干等沙漠地带，冷锋后的大风挟带了大量沙尘进入河西走廊，由于地形“狭管效应”，风速不断加强，造成河西走廊出现强沙尘暴天气，这也是河西走廊易发生“黑风”的原因所在。

河西走廊呈西北－东南向，1100km 的狭长地带。南有祁连山、阿尔金山，北有马鬃山、合黎山、龙首山，南北山之间形成较窄的狭管。当冷空气经过时，地形引起的狭管效应，使风力明显加大。金昌位于龙首山与祁连山之间的狭窄处，南北宽度仅数十千米，狭管效应极为显著。到河西东部开口处狭管效应减弱，风力减小，黑风暴也逐渐减弱成为一般沙尘暴或扬沙天气。

假定在近地面不厚的气层内，无空气质量的辐散辐合，也不考虑高低层空气质量的交换，取西部宽阔处(风入口)某一截面的空气流入量，等于狭管处(风出口)某一截面的空气流出量，计算由狭管作用引起的风速变化。气层厚度取为 H，风入口处截面为矩形，宽度为 L_1，风速为 V_1，出口处截面也为矩形，宽为 L_2，风速为 V_2。假定空气在风入口处的流入量等于在风出口处的流出量，即

$$V_1 t L_1 H = V_2 t L_2 H$$

得

$$V_2 = V_1 \frac{L_1}{L_2}$$

就是说在不考虑辐散辐合的情况下，空气流到狭管处，风速大约要增加为入口处的 L_1/L_2 倍。

越山下滑效应

经验证明，玉门镇的偏西大风常比周围大 1～2 级。这一方面与地形狭管作用分不开；另一方面，冷空气越山沿坡下滑，伴随着位能向动能转换，亦是使风速加大的因素。利用牟惟丰研究的计算过山冷空气造成风速增量公式，可计算风速增加量。

$$\Delta V=\sqrt{\frac{2gh}{T}\Delta\theta}$$

式中，T 是地面空气温度，g 是重力加速度，h 是冷空气下降的垂直距离、$\Delta\theta$ 是地面位温与越山冷空气位温之差；假定冷空气由天山、马鬃山翻山下滑，选择哈密和酒泉为代表站。经计算得到，1993 年 5 月 5 日 08 时，哈密风速增量为 11.6m/s，酒泉风速增量达 17.8m/s。可见这种作用是不可忽视的。

又如 1983 年 5 月 18 日在玉门发生的沙尘暴和 1977 年 4 月 22 日在张掖发生的沙尘暴天气都与狭管效应和冷空气越山下滑有关。冷空气翻越天山，在南疆盆地形成大风和扬沙天气，进入河西后，因狭管地形产生水平辐合加速，加大气压梯度和温度梯度，促使冷锋加强，导致黑风暴或强沙尘暴天气的产生。

地形的阻挡、抬升、绕流作用

数值模拟发现，青藏高原地形使西风槽稍向北收缩，移动加快，并使低空锋区、地面气压梯度和地面风加强。高原地形对气流还有强迫绕流作用，在高原周围地形梯度较大地区的对流层中低层加大了绕流分量，在河西走廊地区则加大了西北分量，这导致中低层引导气流的加强，诱发槽和冷锋向东南移动加快。总之，青藏高原地形壁障和强迫绕流的综合作用，将加强沙尘暴区的风速，也加强了沙尘暴向东南扩展的移动速度。

特殊地形的阻挡、抬升、绕流作用对沙尘暴天气的形成也有很重要的促进作用。根据典型沙尘暴个例分析，发现突起的山脉与盆地相互配合容易造成沙尘暴。如 1984 年 4 月 19 日的沙尘暴，是由于在甘肃河西形成大风，引起扬沙，大风挟着大量沙尘，经阿拉善高原过程中，在贺兰山西北面受阻堆积，冷锋正处于“爬山”阶段，坡度很大，当冷空气积累到一定厚度时，一部分冷空气翻越贺兰山向银川盆地俯冲时，由于冷空气迅速下沉，锋面坡度急剧减小，因而大量的位能转化为动能，加之锋前高温，促使在银川盆地形成强烈的辐合上升运动,使气压梯度和温度进一步加大,促使系统加强,从而导致沙尘暴的形成。南疆沙尘暴和 1993 年 5 月 5 日金昌强沙尘暴也属于同类机制。

地形对形成沙尘暴的影响

贺兰山西侧的拐子湖(位于巴丹吉林沙漠)和贺兰山东侧的盐池(位于毛乌素沙地)分别为年平均沙尘暴发生 25 次和 20 次以上的高值中心。贺兰山两侧附近沙尘暴发生次数反而较少,说明贺兰山地形对山体前后的风速有一定阻挡减速作用,对低层沙尘的传输也有一定的截留阻碍作用。对海拔 3000m 高的山体,在其下风方 100km 附近,风速变化已恢复正常,所以,盐池风力偏大,也反映了这种因素的作用。贺兰山西侧的沙尘暴频次明显高于东侧,正反映了贺兰山山体作为干旱区和极干旱区自然分界的地理、气候特征。

第三章

沙尘暴的危害

沙尘暴的直接危害往往是在很短的瞬间里，由静风或小风，突然转为10m/s以上的大风；与狂风突起的同时，飞沙走石、水平能见度急剧减小，往往造成户外活动的人畜伤亡，同时还造成工厂停工停产，民航延误航班正常飞行、火车晚点或停运等。与沙尘暴相伴的大风本身就具有强大的破坏力，导致一些工业和民用建筑受损或破坏，如造成房屋倒塌，通讯和电力线、杆被刮断、吹倒等等。

沙尘天气还引发众多的次生灾害：附着在农作物叶面上的尘土直接减弱植物的光合作用和呼吸作用，严重阻碍作物的生长；邻近沙漠地区的农田被流沙掩埋，甚至农作物连苗带土一起被吹走；浮尘对于精密机械、精密化工、航空交通等设施，都有着严重的破坏性影响；沙尘加速了机械设备运转部件的磨损；沙尘暴天气引起的“风沙电”经常干扰通讯及控制设备；“电晕”现象也可造成严重的人身伤亡及设备事故。铁路如遭到流沙掩埋，可造成交通中断甚至发生列车出轨事故。大风、飘尘及降尘也使广大地区的空气质量严重恶化，人身健康受到损害。

沙尘暴的主要危害方式

沙尘暴的直接危害方式较多，大体可归纳为 4 种，即沙埋、风蚀、大风袭击和降温霜冻。

沙埋

沙尘暴形成后，以排山倒海之势向前移动，沙尘暴下层的沙尘粒，在狂风的驱动下，滚滚向前，当它碰到障碍或是风力减弱的时候，大量沙尘落到地面，就会埋压农田、村庄、工矿、铁路、公路、水源等，形成沙瓣、沙堆和沙丘。

这种危害方式，主要表现在绿洲内外与戈壁风沙流入侵地段和沙漠、沙片相毗邻的狭长地带，或沙漠新垦区、地矿资源开发的沙砾质戈壁区。沙埋铁路造成列车脱轨屡有发生，停运修复有时长达半月之久。

一场沙尘暴过后，往往农田覆沙厚度 5～20cm，有的形成新月形沙丘，垦区的斗、农、毛渠积沙普遍，有的地段流沙溢出渠岸。如阿拉善盟腾格里沙漠边缘的草场遭受多次沙尘暴后严重沙埋，使昔日草场变成流动、半流动沙地，即为荒漠化形成的一条主要途径。

风蚀沙割

风蚀作用包括两种情况：

①风力对土地表面物质的吹蚀；

②大风把沙砾吹起来将建筑物、农作物的表面磨去一层，叫磨蚀。

风蚀土壤不仅仅把土壤里细腻的粘土矿物质和有机物质刮跑，而且还把带来的细沙堆积在土壤表层，使原来比较肥沃的土壤变得贫瘠，无法耕种，扩大了沙化的土地。因此，沙尘暴可以作为衡量土地沙化程度的一个重要指标。

在土壤被风蚀的过程中，大风刮起来的沙子还会割打庄稼禾苗、树木。这种危害方式多半发生在林网的网格过大、或林网不完善的空旷农田，特别是沿林网外边的新开垦农田等沙质土壤地区。有些作物，如瓜类、蔬菜、甜菜、棉花、小茴香等双子叶植物，最不耐风蚀、沙割。在沙尘暴多发的春季，正是这些作物出苗发叶的时候，地面处于裸露状态，苗幼叶嫩，更易受害，且难以恢复，只能改种其他作物。

据1993年5月5日"黑风暴"灾情调查，景泰新垦区大片沙质耕地，种植甘草，大多数地段风蚀深度达10cm，亦有吹出犁底层者（风蚀深度为15cm）。按10cm深度算，风蚀量达$1000m^3/hm^2$，不仅如此，邻近渠道、田埂、新植林带地、麦田均遭风积沙所埋。张掖地区瓜菜、黄豆、棉花、玉米、辣椒和胡麻受风蚀沙打面积达$3\times 10^4hm^2$。民勤种植的籽瓜、棉花和小茴香约$1\times 10^4hm^2$，普遍受害。有些耕地被风沙将表层土带禾苗全部刮走，变成风蚀劣地，有些耕地被风沙完全掩埋，难以耕种。

老绿洲林网化不完善的大片开阔沙质耕地，老绿洲向外扩展的新垦沙地，新绿洲开垦沙埂沙堆，沙质土耕地，植被覆盖度不足30％而地表又未形成结皮的半固定沙堆和平地草场，沙尘暴所造成的风蚀极其强烈，新绿洲就地风蚀沙割其危害性最大，基本都是毁灭性的。巴丹吉林、腾格里等沙漠虽风蚀厉害，但本来就是流沙，又远离绿洲，其危害性在于风选细尘输送到空中，影响下游，甚至向更远的地方输送。

沙尘暴过程中，风沙割打农田禾苗是普遍现象，如1993年5月5日"黑风暴"过后，中宁县长山头乡、青铜峡市甘城乡新开发区的小麦、豆类和葡萄幼苗大面积被风沙割打，致使大面积作物死亡。惠农县1～2m高的臭椿苗木枝叶全被打掉，迎风面树皮打落，呈现一片白色。

大风袭击

沙尘暴途经绿洲特别是林网化绿洲时,不再有沙源补充,近地面不再有风沙流活动,成为尘暴,在这种情况下,其危害实际上是狂风袭击的结果。

大风的破坏力巨大,大风可折断树木、吹倒围墙、毁坏房屋、吹翻车辆、摧毁电杆、袭击各种农业设施,甚至造成人畜伤亡。

如 1993 年 5 月 5 日"黑风暴"过后,高台,临泽,张掖三县市城郊乡村被大风摧毁塑料大棚,小拱棚,及简易温室面积达 654hm^2,仅棚膜经济损失 785 万元。

肃南县祁丰、明花区刮倒农田线路电杆 28 根,刮断线路数十千米,牲畜栅圈倒塌 55 间。

民勤 11 万亩籽瓜地膜大部被风吹毁,农用线路和高压电线刮断数十处,全县断电三天。

古浪拔根倒伏树木 400827 株,直径 30cm 的树木拦腰折断,农用电线倒杆 210 根,中断线路达 58.8km,损坏变压器 38 台和电机 21 台,羊死亡 2757 只,走失 135 只,家禽和猪死亡 3.0 万头只。

中卫县有 467hm^2 果树的花果被大风吹落,有 27hm^2 塑料大棚和地膜被风卷走。青铜峡市树新林场被风刮倒、折断的树木近 6000 株。

降温霜冻

沙尘暴一般都伴有强冷锋,冷锋过境后往往引起剧烈降温霜冻。冷空气愈强,降温幅度越大,持续时间也越长。

1993 年 5 月 5 日"黑风暴"过后,河西地区次日凌晨最低气温降低到零下 5～6℃(与沙尘暴发生日下午气温相比降温 30℃以上),并伴有降雪,从而使受沙尘暴危害的果树和瓜类等双子叶作物,又受冻害,尤其是 4～5 月份正是农作物幼苗生长期,灾情愈发严重,而且改种、补种农时已过。

总之，沙尘暴常常给工农业生产和人民群众的生命财产造成巨大危害和损失。一次强沙尘暴往往造成直接经济损失达数亿元，至于对土地退化、良田被毁等生态环境的影响和社会影响，则难以估价。

沙尘暴危害的主要方面

沙尘暴危害的主要方面，表现在对交通、建筑设施、工农业生产、人民生命财产和生态环境的危害。

危害交通

沙尘暴对铁路造成的沙害形态有两种类型，一是风蚀，二是沙埋。同时，沙尘暴发生时，能见度非常差，影响人们的视线，列车被迫停止运营或列车脱轨翻车也是常有的事。

风蚀：由于在戈壁沙漠区修建铁路，路基填料多为粗沙、细沙和粉沙，松散，结持力差，在大风的作用下，易产生风蚀，路基被风蚀，路肩危害最重，路堤边坡次之，坡脚一般不风蚀，但积沙严重。在风蚀路堤的边坡上形成明显的上部风蚀带，下部堆积带，中间过渡带。这是由于路堤的迎风坡路肩处风速大，背风坡由于涡流作用产生严重掏蚀。路堤风蚀，路肩宽度变小。边坡上出现风蚀槽痕，路堤的背风波出现凹槽和小坑。路肩上部滑落，枕木外露，风蚀路基，使轨枕悬空，危及行车安全。

沙尘暴还会吹毁铁路桥梁建筑，折断电杆，吹断电线，造成停电或引起货场火灾，造成额外损失。尤其是电力机车路段断电停车，修复更加困难。

沙埋：近地层沙尘暴遇铁路受阻，即沉积流沙，埋压铁轨。铁路道床积沙后，松散的沙粒随着列车通过时产生的振动，透过道渣孔隙及道床与枕轨间的缝隙向下渗落，逐渐聚集在道床底部，将轨枕及钢轨抬高，称抬道，甚至可抬高数十毫米。由于抬高不一，轨面不平，行车不稳，影响行车安全，导致列车颠簸，甚至使行进的列车脱轨。铁路钢轨两侧积沙达到轨头部分时，列车运行受阻，超过轨面使车辆脱轨掉道，更严重的是造成列车颠覆事故。沙尘暴还会损坏铁路沿线的通讯线路，也会影响火车的安全正点行车。道床充填粉细沙后，不易保持干燥，木枕容易腐烂，道床积沙板结，弹性降低，钢轨受力状况恶化，磨耗增加。钢轨及配件长期被积沙掩埋，产生锈斑，在含盐沙层中更严重，缩短钢轨的使用寿命。由于沙尘暴对铁道的影响，损坏了钢轨，增大养护工作量及费用，清沙工作尤为繁重。沙埋铁路常见有三种情况：

舌状积沙：发生在铁路线横穿沙丘走向，路堑两端有斜交风吹入的风口地带，或路边有灌丛沙堆及防护措施局部破坏等地段，风沙流顺着风向或风口掠过路基时，沉积的流沙堆成前低后高的舌状横跨线路延伸，掩埋道床和钢轨，如图 3.1 所示。

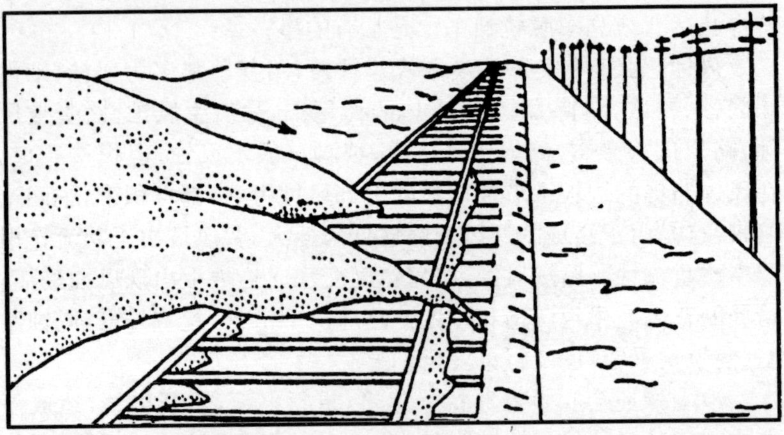

图 3.1　铁路路面堆成的舌状丘

片状积沙：这种积沙形态是由于沙尘暴过境时，下层风沙流运动受线路及地形影响，风沙流受阻，沉沙在道床之内造成的，积沙较为均匀。流沙堆积于迎风路肩积沙前移埋轨，路堑积沙形式是由于气流的涡漩作用，堑顶和侧沟经常大量堆积流沙，遇狂风，积沙移于道心,如图 3.2 所示。

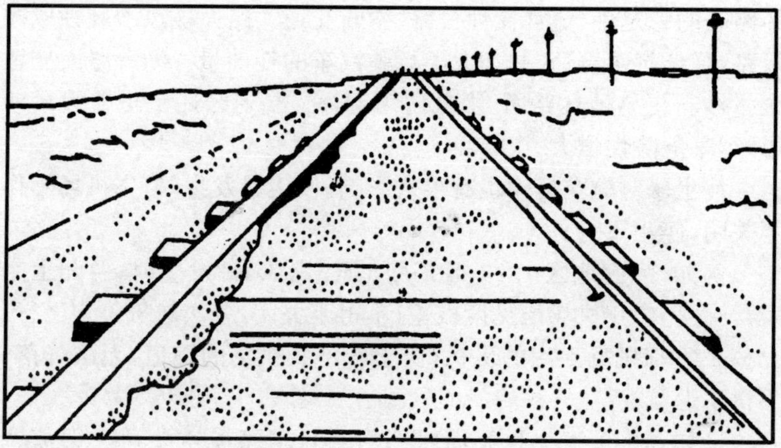

图 3.2　铁路道床片状流沙情景

堆状积沙：线路通过流动沙丘、半流动沙丘和半固定沙丘地段,由于强风推动沙丘前移造成堆状积沙,如图 3.3 所示。

图 3.3　铁路路面堆积沙情况

沙尘暴对公路危害的形式同危害铁路是相似的。风蚀路基，破坏路基的稳定性，流沙掩埋公路，中断交通。路面被风沙剥蚀成搓板路，降低汽车寿命，并加大了行驶汽车的耗油量。沥青路面掩埋大量沙石更易破坏路面，降低使用寿命。高速公路上覆盖大量沙子，行车危险性增大。

沙尘暴对航空运输也有很大影响。沙尘暴发生时，飞机场不得不关闭，停止飞行。

例如，河西地区 1993 年 5 月 5 日“黑风暴”发生时，兰州上空风沙弥漫，中川机场能见度极差，不得不关闭，各次航班停止飞行，一些正飞临机场上空的班机，由于看不到机场的跑道，无法降落，不得不返航。

又如，1973 年 1 月亚洲西部的约旦国家航空公司一架波音 707 型飞机，因在非洲西部、亚洲发生黑风暴时飞行，坠毁在尼日利亚的卡诺机场，176 名乘客和机组人员全部遇难。

美国西南部荒漠地区州际公路，1963～1975 年，因沙尘暴影响发生的交通事故达 32 起。

可见，沙尘暴对铁路、公路和航空等交通运输的危害是极其严重的，其危害程度超乎人们的想像。

危害农业生产

在靠近沙漠、沙地、戈壁滩的地区，由于狂风的袭击，地表风蚀强烈，同时又在近地表层形成强沙尘暴，对农业生产带来极为惨重的损失。

大风卷起沙土，吞蚀农田，埋压农作物和牧草，果树的花蕾全部被吹落，蔬菜被毁坏，大风刮走大量地表浮土，轻的刮走农田沃土，重的把小麦等农作物的幼苗刮走。沙尘暴的风沙流造成农田、草场、灌溉水渠、村舍等被大量沙粒掩埋。

例如，1993 年 5 月 5 日黑风暴过后，仅金昌、武威两市和古浪、景泰、中卫三县统计，农业成灾面积达 $6.37\times10^4hm^2$，大片农田被风蚀沙埋，风蚀深度一般约 10cm，最深达 50cm，每亩土地平均风蚀量近 $70m^3$，大量有机质被吹走。发生沙埋的地方，沙埋厚度有 20cm，最大厚度 1.5m。刮断、刮倒电杆 750 根，破坏供电线路长度 225km，农用变压器和电机损坏 89 台；水利建筑损坏近百处，填埋渠道长度 55km，蔬菜大棚被摧毁，农田地膜被刮走约 $2\times10^4hm^2$，河流、水田水库被风沙填淤严重，降低蓄水能力。防护林和用材林树木 9 万株被折断或刮倒。大片草场被风蚀、沙埋，可利用草场面积减少，死亡或丢失羊只约 3.2 万只，大家畜死亡和家禽丢失上万只(头)。

这场黑风暴给农林牧业生产造成的直接经济损失达 1.62 亿元。宁夏的同心、盐池、青铜峡，灵武等县市受灾农田达 $13\times10^4hm^2$。1951 年，新疆吐鲁番县沙尘暴过境，沙埋耕地 $1330hm^2$。

据美国土壤保护局统计，美国中西部大平原 1935～1936 年到 1974～1975 年，风蚀量 $570t/hm^2$。另外农业基础设施毁坏也非常严重。

使土壤肥力降低：在自然界中，土壤圈处于大气圈、岩石圈、水圈和生物圈之间的过渡地带，是联系有机界和无机界的中心环节，是结合地理环境各组成要素的枢纽。

土壤是历史自然体，同时也是人类赖以生产、生活和生存的物质基础。土壤肥力是土壤的基本属性和本质特征，是指土壤在天然植物或栽培作物的生长发育过程中，能够同时和不断地供应和协调水分、养分、空气和热量的能力。

一般将水、肥、气、热称为土壤的肥力因素。土壤肥力的高低取决于土壤肥力因素的协调状况及土壤是否能够稳、匀、足、适地提供植物生长发育的条件。这些条件与土壤内部物质、能量的运动状况有关，与自然条件及人工措施有关。

土壤风蚀不仅是形成沙漠化的主要组成部分，而且是其首要环节。风蚀会造成土壤中有机质和细粒物质的流失，导致土壤粗化，使土壤肥力降低。据采样分析，在毛乌素沙地和宁夏河东沙区，流沙层中的有机质占 0.12%，全氮占 0.26%，全磷占 0.057%；而被流沙覆盖的土壤层中，有机质占 0.28%，全氮占 3.0%，全磷占 0.073%，要比流沙层高很多。

另一方面，被风力搬运的粉沙、细沙落入农田，轻则造成土壤沙化，重则将耕地覆盖，不论是前者或后者，都会改变土壤的理化性质，使之贫瘠化。大风的吹蚀还使土壤水分流失速度加快，改变了土壤水热状况，也会使土壤肥力降低。

关于在风蚀作用下土壤养分的损失情况，很多人曾经做过调查。据测定，在毛乌素沙地，每年土壤层被吹失 5～7cm，则每公顷(hm^2)土地损失有机质 7770kg、氮素 387kg、磷素 549kg、小于 0.01mm 的物理粘粒 3.9×104 kg；与 20 世纪 60 年代相比，在 80 年代有机质普遍降低了 20%～30%、全氮降低了 25%～46%。在河北坝上地区，如果以每年吹失 1cm 厚的土壤层计算，则每年被吹失的土壤为 54.30×10^6t，损失有机质 74.14×10^4t，氮素 5.9×10^4t，磷素 4.08×10^4t，钾素 142.7×10^4t。在内蒙古乌盟后山地区，每年有 $32.6\times10^4hm^2$ 耕地被吹蚀 1cm 原地表土，有 $6.6\times10^4hm^2$ 耕地被吹失 3cm 原地表土。按此计算，该地区平均每年每公顷耕地损失表土 980.5t，其中有机质 3835kg，氮素 309kg，磷素 607.5kg。

在新疆阿克苏农垦 3 团场，1977 年 4 月 14 日发生的大风，使耕地土壤表层被吹失 16cm，每公顷损失有机质 3950kg，相当于优质厩肥 6.075t；损失全氮 832.5kg，相当于尿素 810kg；损失全磷 3125.5kg，相当于过磷酸钙 20.850t。

在沙漠化发展的不同阶段，土壤有机质的损失情况有所差异。在干旱、半干旱地区，由于土壤有机质和各种矿物质主要分布于土壤表层，因此，在沙漠化发展初期，土壤肥力的损失最为严重。

根据在内蒙古奈曼旗的观测，在沙漠化发展初期，土壤表层 25cm 以上土层中有机质含量减少最快，平均每年减少 0.114%，相当于每公顷损失 6.6t 有机质；氮素平均减少 0.008%，全磷减少

0.006%。在沙漠化发展中期,有机质每年平均减少0.032%,氮素减少0.006%,全磷减少0.004%。在沙漠化发展后期,由于土壤中的营养物质已经很少,有机质减少速度大大降低,每年有机质、氮素、全磷分别平均减少0.019%、0.005%、0.002%。

内蒙古奈曼旗沙漠化不同阶段土壤肥力损失情况如表3.1所示。

表3.1 内蒙古奈曼旗沙漠化不同阶段土壤肥力损失情况

(据朱震达等,1999)

沙漠化程度	植被盖度(%)	有机质(%)	全氮(%)	全磷(%)
潜在沙漠化	>10	0.5~1.0	0.02~0.07	0.02~0.06
轻度沙漠化	26~40	0.2~0.5	0.01~0.06	0.01~0.04
中度沙漠化	16~25	0.1~0.3	0.009~0.02	0.01~0.03
重度沙漠化	6~15	0.06~0.2	0.005~0.013	0.01~0.02
极重度沙漠化	0~15	0.04~0.08	0.002~0.014	0.008~0.015

另据董光荣等估算,全国每年因风蚀损失土壤有机质、氮素和磷素 5.59×10^8t,折合化肥约 2.68×10^8t,价值近170亿元人民币(参见表3.2)。

表3.2 我国沙漠化土地肥力损失情况

沙漠化土地类型	面积($\times10^4$km^2)	有机质($\times10^4$t)	厩肥($\times10^4$t)	氮素($\times10^4$t)	尿素($\times10^4$t)	磷素($\times10^4$t)	过磷酸钙($\times10^4$t)
潜在沙漠化土地	15.80	2948.28	14711.92	255.01	553.37	205.87	1029.35
正在发展中的沙漠化土地	8.10	788.86	3936.41	45.68	99.13	163.86	819.30
强烈发展中的沙漠化土地	3.48	753.35	3759.22	58.76	127.51	362.62	1813.10
合计	27.38	4490.49	22407.55	367.84	780.01	732.35	3661.75

土壤肥力是在土壤发育过程中慢慢形成的，因此，当土壤肥力在外力作用下损失以后，靠自然恢复需要很长时间。根据在内蒙古奈曼旗的观测，在停止人类干扰以后，沙漠化土地土壤中的有机质平均每年只能增加 0.21‰，氮和磷的含量平均每年只能增加约 0.03‰～0.04‰。

据估计，如果要使严重荒漠化土地中的有机质、氮、磷等营养元素恢复到原生土壤状况，即使是在采取人工措施的条件下，也需要几十年、上百年甚至更长的时间。

可见，沙尘暴对土地的危害程度是相当严重的，有时甚至是不可恢复的。

造成农业减产：农业生产是荒漠化地区最主要的生产经营活动之一，由于生产经营水平较低，受风沙危害影响很大。农作物的播种、生长、成熟各个生长阶段都受到风沙活动的影响，常常造成农业大面积减产，危害巨大。

我国北方地区的风沙活动，多出现在 4～5 月，这时正是北方农村的春播和禾苗刚出土的季节，强烈的风沙严重影响春播，往往将刚刚播种入土的作物种子和粪肥吹出地表并吹跑。这种现象在沙漠化地区非常普遍。

例如，1981 年 5 月，河北省围场县御道口乡出现强风沙天气，有 600hm^2 小麦田被吹失表土 5～6cm，并将刚刚播种入土的春小麦种子和粪肥全部吹走。强烈的风沙还可以将已经长出地面的幼苗连根拔起并吹跑。

1979 年 4 月，新疆东部托克逊县出现强风沙天气，有 1862hm^2 春小麦和 208hm^2 棉花的幼苗被吹跑。当风沙流贴近地表运行时，高速运动的沙粒常常将萌发不久的幼苗打死打伤，群众称之为沙打、沙割，对春播的危害也很大。

1959 年春天，宁夏灵武县磁窑堡乡车湾子村出现强风沙天气，将刚出土的春小麦全部打死打伤。

1981 年 4 月出现的一场大风沙，使新疆东部鄯善县达朗坎乡

78%的棉花幼苗被打死，使吐峪沟乡、鲁克沁乡、沙坎园艺场的 385hm^2 棉花苗被打死。春播季节出现的风沙活动常常伴随着流沙的堆积现象。如果在耕地里出现流沙堆积，往往将出土不久的禾苗埋压致死，群众称之为沙埋。

1993 年 5 月，河西地区出现的特大沙尘暴使内蒙古自治区阿拉善盟被沙埋、沙打的农作物达 2.333×10^{8}hm^2，使宁夏自治区陶乐县月牙湖经济开发区播种的 600hm^2 春小麦中的 200hm^2 被流沙埋没(景爱，1996)。

在春播季节一旦出现上述风沙灾害，农民只好重播改种。所谓重播，是指重新播种春小麦之类早熟作物；所谓改种，是改种春小麦以外的晚熟作物。重播改种现象在我国北方沙漠化地区具有普遍性，在沙漠化危害比较严重的地区，每年重播改种两三次是很常见的现象。

如山西省北部的偏关县，20 世纪 80 年代风沙危害特别严重，每年春天都要播种三、五次，内蒙古自治区伊克昭盟伊金霍洛旗每年都要播种三五次甚至更多。

新疆塔里木河下游的农垦 35 团场，1982 年 5 月的一次大风沙，使 413hm^2 棉田受灾，其中有 200hm^2 重播。

内蒙古自治区乌兰察布盟后山地区 7 个旗、县(武川县、四子王旗、察右中旗、苏尼特右旗、商都县、察右后旗、化德县)，在 20 世纪 70～80 年代平均每年重播的面积达 4.7×10^{4}hm^2。据估算，每重播 1hm^2 需要人民币 51.15 元，每年重播的费用达 240 万元。

吉林省西部白城地区，1949～1980 年间，累计重播改种 21.9×10^{4}hm^2，平均每年重播改种约 7000hm^2，1972 年是重播改种最多的一年，达 1.9×10^{4}hm^2。

河北省坝上地区的张北县，每年重播改种的面积都在 2×10^{4}hm^2 左右，1984 年重播改种用的种子即达 48.5×10^{4}kg。

宁夏自治区盐池县城郊地区，在没有修建农田防护林以前，每年有 40%的耕地需要重播改种，每年要浪费种子 6000kg 以上。

1958年,新疆自治区托克逊县小麦受灾面积为2600hm^2,其中有670hm^{2}重播改种。该县的一个管理区重播三四次,共用去12万个劳动日,造成巨大的人力、物力、财力的浪费。农田的重播改种不仅浪费了种子、肥料和劳动力,增加了农业生产投人,而且常常贻误农时,影响农作物的正常生长。在农作物开花授粉期间,风沙常常吹落花粉,影响农作物的受粉结实。

在秋熟季节,风沙常常造成农作物倒伏,吹落农作物的籽实,影响作物产量。

青海省的马海农场,1958年小麦成熟期的一场大风沙,将麦粒大量吹落,使当年小麦减产20%(景爱,1996)。

沙尘暴天气过程中,沙尘蔽日,太阳直接辐射减少,尘土覆盖在植物叶面,直接影响光合作用和呼吸作用。

如1984年4月古城西安出现沙尘暴天气2天,浮尘6天,扬沙1天,25~30日,天空变成桔红色,连续4天天空灰暗,能见度最小时仅200m,植物叶面全部落了一层厚厚的尘土,对农作物正常生长和居民正常活动影响很大。

荒漠化与土地退化

由于严重的风沙危害,荒漠化及其边缘地区土地退化非常严重,使农业生产受到很大影响。据调查,我国荒漠化地区仅退化耕地每年损失的粮食超过3.0×10^9kg,约相当于750万人一年的口粮。

近40年来,全国共有668×10^4hm^{2}耕地变成沙地,平均每年丧失耕地16.7×10^4hm^2。受风沙危害的影响,荒漠化地区农作物的产量普遍较低,产量多在300~750kg/hm^{2}左右。还有很多地区产量在300kg/hm^{2}以下,甚至不到150kg/hm^2,如此低的产量,连春播的籽种都收不回来。

1973年,内蒙古伊金霍洛旗纳林希里和苏布尔嘎公社平均产量只有82.5kg/hm^2。纳林希里公社珠兰敖包第五队的32.6hm^{2}耕地,反复播种 5 次，用去籽种 3000kg，秋后只产粮 89kg，只有种子的 1/33，平均 $2.78kg/hm^2$。

在 20 世纪 80 年代，河北省张家口地区的坝上 4 县（张北、尚义、保康、沽源），由于农作物产量低，农业投人产出比为 1:1.17，几乎没有经济效益可言。尚义县平均每公顷耕地投入 341 元，而产出只有 330 元，每公顷亏损 11 元。

位于坝上地区的河北省丰宁县 20 世纪 60 年代粮食单产为 $1335kg/hm^2$，70 年代为 $1275kg/hm^2$，80 年代为 $900kg/hm^2$，90 年代仅为 $450kg/hm^2$ 左右，干旱年份甚至只有 $150kg/hm^2$，当地农民戏称"种一坡，拉一车，打一箩，煮一锅"。

据朱震达(1994)的调查，内蒙古乌兰察布盟后山地区，1949 年平均单产为 $1125 \sim 1500kg/hm^2$，到 1980 年下降到 $225 \sim 375kg/hm^2$，减产 75%～80%。

危害牧业生产

我国北方草原地区在历史上一直以畜牧业为主，"天苍苍，野茫茫，风吹草低见牛羊"是古代草原繁茂、牛羊肥壮的真实写照。然而现在很难见到这种景象了，大片的草场为流沙所覆盖，由于沙漠化所引起的草场退化严重地制约了畜牧业的发展。

根据荒漠化普查，我国荒漠化地区共有退化草地 $1.05 \times 10^6 km^2$，由于草地退化每年少养活绵羊 5 千多万只。建国以来，共有 $2.35 \times 10^4 km^2$ 草地变成流沙，平均每年减少 $520km^2$。

内蒙古自治区 1983 年有退化草地 $21 \times 10^4 km^2$，1995 年发展到 $39 \times 10^4 km^2$，可利用草地退化面积以大约每年 2%的速度增加。

素以水草丰美著称的呼伦贝尔草原和锡林郭勒草原，退化草原面积分别为 23%和 41%，退化最为严重的鄂尔多斯高原草场退化面积已达 68%。

草地退化一方面表现为植被变得低矮稀疏，产草量下降；另一方面表现为豆科、禾本科等优良牧草数量减少，有毒有害、适口性差和营养价值低的植物增加，牧草质量下降。

目前内蒙古天然草场载畜量仅相当于 20 世纪 50 年代的 75%、60 年代的 80%。

沙漠化对牧业生产危害严重

在沙漠化严重的地区，春天强烈的风沙往往加速草场地表水分的蒸发，不利于牧草的返青。高速运动的沙粒常常将刚刚返青不久的嫩草打死打伤，造成草场返青迟缓，加剧了春季由于牧草缺乏对畜牧业造成的危害。

附着在草叶上的沙尘对牲畜有很大危害，沙尘常被牲畜吃到体内。另外，在牧草低矮的情况下，牲畜在啃食过程中，也往往将沙粒吸食到体内。沙尘、沙粒进入牲畜胃肠以后，极容易使牲畜患沙结病，轻者影响牲畜的正常发育，重者则可以使牲畜死亡。

内蒙古翁牛特旗患沙结病的牲畜比较多，海金山牧场在解剖一匹因沙结病致死的马时，发现胃肠中竟有沙土 21.5kg。

河北省保康县兽医院 1983 年诊治病马 2520 匹，其中患沙结病者 420 匹，占全部病马的 15.6%，因沙结病致死的马占死马总数的 71.3%。

强烈的风沙天气和沙尘暴对牲畜也构成巨大的危害。当沙土吹入羊毛中以后，会使羊只承担很大的重量，往往难于行走，无法站立和吃草，导致饥饿致死。沙尘暴可以将牲畜吹落到水中淹死，流沙能够将牲畜湮埋致死。

1993 年 5 月 5 日发生的沙尘暴，使内蒙古西部阿拉善盟受灾的牲畜达 12 万头(只)，其中有 8 000 只羊被流沙湮埋致死。

位于黑龙江省和吉林省西部的松嫩平原曾是最优良的牧场，主要植物群落包括贝加尔针茅－线叶菊－洽草、羊草－糙隐子草等，并混生有斜茎黄花、兴安胡枝子、细叶胡枝子、稀花米口袋等豆科牧草。

随着沙漠化的发展，上述优势群落和豆科牧草逐渐退化和丧失，而狼毒、断肠草、棉团铁线莲、火绒草、寸草、鹿尾草等有毒或不适口的植物大量滋生，利用价值大大降低。由于草场退化，草群变劣，使草场的产草量由 20 世纪 60 年代的 2250～3000kg/hm² 下降到 20 世纪 80 年代的 375～750kg/hm²，个别的地方只有 225～375kg/hm²。

吉林省通榆县的草场在 20 世纪 50 年代时草高 1～1.2m，覆盖度为 80%～90%。受沙化的影响，20 世纪 80 年代时草高只有 0.4m，覆盖度下降为 30%～40%，有的地方只有 20%左右。

内蒙古东部翁牛特旗的干草原草场，占优势的植物群落为长芒草－牛枝子－隐子草，后来由于沙漠化的发展，群落组成发生了很大变化，轻度沙漠化土地上退化为百里香－隐子草－冷蒿群落，中度沙漠化土地上退化为百里香－冷篙－阿氏旋花群落，重度沙漠化土地上退化为百里香－狼毒群落。群落平均高度由过去的 0.16m 降低为 0.04m，平均每 hm² 单产鲜草由 635.25kg 下降到 275.25kg，下降了 56.67%。

河北省北部张北县由于受沙漠化的影响，草原群落中的紫花苜蓿、扁穗鹅冠草等优质牧草逐渐被蒿类和狼毒取代。目前，在 109 科、143 属、243 种牧草中，优质牧草只占 26.5%，不可食杂草占 74.5%。在 20 世纪 80 年代中期，优质牧草比 20 世纪 50 年代减少了 30%～40%，平均草高只有 0.01～0.13m，覆盖度仅为 33%～45%。

河北省北部围场县的天然草场，在 20 世纪 50 年代平均草高 0.7～0.8m，覆盖度为 93%，平均产干草 3750～4500kg/hm²。到了 20 世纪 80 年代，受沙漠化的影响，平均草高下降为 0.2～0.3m，覆盖度下降为 50%，平均草产量下降为 750kg/hm²，只有 20 世纪 50 年代的 1/6～1/5。

草场沙化使草场的生物量大为降低，大大降低了草场的载畜能力。由于草场质量的降低，牲畜往往吃不饱，经常处于饥饿、半饥饿状态，其结果是造成牲畜生长发育缓慢，体重小，存栏时间长，出栏率低。

如内蒙古乌审旗绵羊体重由20世纪50年代的25kg降至60年代的20kg，到20世纪80年代又降至15kg左右；同期山羊体重由15kg降至9kg左右。

青海省共和县50年代每只羊体重20～25kg，由于草场沙化，20世纪80年代每只羊体重下降为15kg，下降了25%～40%；牦牛在20世纪50年代每头重125kg，20世纪80年代则下降为75kg，下降了40%。

内蒙古伊克昭盟伊金霍洛旗，在20世纪50年代牲畜一般是2岁出栏，到了20世纪80年代则需要3.5岁出栏，平均出栏率仅为13.1%，每头（只）牲畜晚出栏1.5岁，使畜牧业经济效益显著降低。

危害工业生产

沙尘暴来势凶猛，狂风袭击输电高压线路，首先造成停电停水停产。

1993年5月5日特强沙尘暴袭击金川镍都。高压供电线路损坏，造成多家工厂停产，直接经济损失达8300万元。同时，由于停电被迫降负荷，需恢复一段时间，才能进入正常生产，影响产品质量，浪费人力物力。

另外，大气中沙尘含量过高，影响精密仪器和工业产品质量。采矿场和水泥厂经常因沙尘暴袭击而损失大量露天堆放的原料矿砂、矿粉和燃料煤。如1993年5月5日沙尘暴期间金川公司$30\times10^4m^3$尾矿砂被吹走。

此外，沙尘暴还对通讯线路和输油（气）管线等也起着严重的破坏作用。有些沙漠地段由于风蚀沙土使管线外露，更易受天然破坏。

危害生态环境

沙尘暴破坏生态环境，威胁人类生存条件，甚至使许多人沦为“生态难民”。

沙尘暴的频繁发生，不仅对生产建设造成极大破坏，而且给人民的生命财产带来重大损失，其中以 1993 年 5 月 5 日发生的沙尘暴破坏最为严重。同时，这次“5.5”沙尘暴还对包括北京在内的我国东部以及朝鲜、日本和美国的夏威夷等地的大气环境带来严重污染。

20 世纪 50 年代末，东、西居延海面积分别为 35.5km^2 和 267km^2，由于沙漠化的不断扩展和地下水的过量开采，分别于 1961 年和 1992 年干涸，“湍莽不息”的居延海从此成为历史。

陕西省榆林地区历史上也曾是林草茂密的丰腴之地，受沙尘暴的危害，在解放前的百余年间流沙南移 50km，至解放初期仅存灌木林 4×10^4hm^2，林木覆盖率仅为 1.8%，流沙吞没农田、牧场 13.3×10^4hm^2，仅存的 11×10^4hm^2 耕地也被沙丘包围，26×10^4hm^2 牧场沙化，6 个城镇和 412 个村庄被风沙侵袭和压埋。近年来，流沙不断南侵。

危害水利设施和建筑物

沙尘暴还常常对水利设施造成严重破坏，如泥沙侵入水库、埋压灌渠等。

据调查，晋、陕、蒙接壤区库容大于 50×10^4m^3 的 46 座水库的总库容已被淤积 37.3%，建于 1977 年的陕西省神木县瓦罗水库设计库容 626×10^4m^3，1988 年时被淤满成为淤泥坝，并淹没了 20×10^4hm^2 川地。

青海龙羊峡水库，因受沙尘暴影响而进入库区的总泥沙量每年有 3130×10^4m^3，仅此一项每年造成的损失就有近 4700 万元。

同时，泥沙大量进入河道后，还使河床淤高，构成河堤溃决的严重隐患。在黄河多年平均年输沙量 1.6×10^9t 中，就有 1.2×10^9t 以上来自沙尘暴活动地区。

北方沙漠化地区共有灌溉渠道 12.6×10^4km，经常受风沙危害的有 5.1×10^4km，占 40.5%（邸耀全、张克智，1998）。

在风沙作用下，沙丘不断前移，掩埋建筑物；强沙尘暴过境，黄豆大小的砾石随风飞舞，毕毕剥剥地不断敲打建筑设施，有时强大的风力，使核桃大的石块，相继飞起，袭击建筑物，吹毁建筑物，造成围墙、房屋倒塌，屋顶被揭；风沙打磨、击碎建筑物的玻璃；强风刮断高压电线，引起火灾，烧毁房屋等。

1993 年 5 月 5 日强沙尘暴期间，据金昌、武威两市和古浪、景泰、中卫三县统计，吹毁倒塌房屋 4412 间。临近沙漠的村庄，在强沙尘暴的作用下，沙丘快速移动，压埋房屋，古浪、景泰的新灌区的移民居住的地窝棚，全被流沙填埋，造成农民一时无处安身。

危害人民生命财产

沙尘暴是疯狂的恶魔，它不仅给一个地区工农业生产带来严重损失，有时甚至危及人身安全，造成重大事故。

沙尘暴污染大气环境，危害居民健康。沙尘暴发生时狂风裹着浮尘沙粒，使空气异常污浊，空气质量非常差，属重度污染。空气呛鼻迷眼，呼吸道和眼病增多，心博加快，心情沉闷，工作效率低下。沙尘暴过后，虽然当地情况好转，但大量沙尘随风输送到下游地区，造成长时间大范围的空气污染。

据分析，每当河西走廊出现沙尘暴或扬沙、浮尘天气后 12～24 小时，兰州市的空气污染必将出现重度污染，尤其是可吸入颗粒物污染一定出现重污染峰值。不仅兰州是这样，而且一直会连续影响到下游很远处。

肆虐的“黑风暴”

在 1993 年 5 月 5 日特强沙尘暴发生时，景泰县寺滩乡 4 位牧民正在河滩上放羊，大风突然骤起，一位牧羊人被大风卷起后又摔在地上，腿部严重骨折，其余三位牧羊人被风刮的无影无踪。芦阳镇一位小伙子驾驶摩托车行驶，突然被狂风卷入水渠，溺水而死，家中留下了未成年的小孩和 80 岁的老母亲。

最令人痛心的是，当沙尘暴刮到武威、古浪县时，正好是小学生放学时间，33 名活蹦乱跳地走在回家路上的学生，顷刻间有的被沙尘暴卷入了水渠溺死，有的被沙尘呛死。

中卫县小学两名学生跑到围墙下避风，突然围墙被狂风吹倒，一位小学生被压死，另一位砸伤。

武威市长城乡电线起火，烧毁 20 户居民的房屋，牲畜棚圈 145 个，房内的全部财产顷刻化为灰烬，240 头畜禽被烧得面目全非。

据调查，1993 年 5 月 5 日“黑风暴”造成 85 人死亡，264 人受伤，31 人失踪。死亡和丢失牲畜 12 万头(只)，受灾牲畜 73 万头(只)。

影响无线电波的传播

随着对卫星及地面无线电系统使用的持续增长，所用频率也越来越高，沙尘暴对无线电波可能产生的影响已引起了国内外学者的重视。

目前认为沙尘暴对无线电波可能有以下几个方面的影响：

(1)沙尘粒子的散射和吸收而导致信号能量的衰减；

(2)沙尘粒子形状的不规则与粒子空间取向有一定分布规律，而造成信号的交叉极化效应；

(3)由于沙尘暴对毫米波可能产生折射和绕射以及沙尘粒子纵向分布的不均匀性而引起信号的多径传播；

(4)沙尘在天线上的沉积而导致信号增益衰减、方向图畸变和交叉极化效应；

(5)强风吹毁天线和线路造成通讯信号中断。

第四章

沙尘输送及环境气候效应

全球四大沙尘暴区之一的撒哈拉及其周围干旱区，其沙尘可由热带东风气流携带，越过大西洋，输送到美洲大陆。Swap 的研究结果表明，撒哈拉的沙尘可输送到巴西亚马逊平原，一次撒哈拉的强沙尘暴过程可有约 48×10^4t 尘埃输送到亚马逊平原东北部，年输送沉降量达 1300×10^4t，相当于每年沉降 190kg/hm^2。J. R. Elli 通过对拉丁美洲巴巴多斯 4μm 气溶胶中铝元素的分析结果表明，约 55%铝粒子样品来自于北非地区。Franzen对 1991 年 3 月在欧洲的中部和南部以及斯堪的纳维亚北部，来自于撒哈拉沙尘暴过程的分析结果表明：撒哈拉沙尘可输送沉降到德国北部地区，沙尘暴过程的涉及面积至少为 3.2×10^5km^2，仅在上述区域的降尘量估计接近 5×10^4t。

沙尘的输送和沉降

沙尘输送

美国根据北太平洋 7 个站的观测研究认为，自亚洲大陆到达北太平洋 25°～40°N 之间的尘粒，估计每年在 $2.3\times10^6\sim566\times10^6$t。据气象卫星观测，中国北方沙尘暴过程中，黄沙漂浮最大高度不在塔克垃玛干沙漠附近，而在黄河流域下游地区，并且近年来这种黄沙漂浮很严重，据日本长崎县福江(128.8°E,32.7°N)59 年(1925～1983 年)的地面观测，每年 1～6 月和 10～12 月都能观测到来自中国沙漠地区由沙尘暴带来的黄土粒子，粒径一般在 50μm 以下，以春季为最多。另据日本气象厅在日本西岸的有关观测，沙尘浓度为 150～400 升/km^2($0.4\times10^{-4}\sim1.0\times10^{-4}$g/cm^2)。Arao 和 lshizaka 估算，在日本的 30°～40°N 地带内，沙尘量为 $50\times10^4\sim70\times10^4$t/hm^2，每年为 $4.1\times10^6\sim5.3\times10^6$t，其中春季就占 $3.5\times10^6\sim4.5\times10^6$t。Uemaysu 等估计在 0°～50°N 地带内，每年沙尘输送总量达 20×10^6t，显然在中国西北本土的沙尘风蚀量还要远大于这个值。日本在 1979 年 4 月 14～15 日还曾观测到直接源自中国沙漠地区并覆盖了日本岛的沙尘，其水平尺度达 1.36×10^6km^2，总质量至少达 1.63×10^6t，被称之为严重“黄沙事件”。

沙尘暴期间，各种粒径的沙尘甚至石子会被大风刮起形成风沙流。在风沙流的总沙尘量中，粒径＞0.5mm 的粗沙沿地表滚动或滑动的蠕移沙量约占 20%～25%；粒径 0.25～0.5mm 的中细沙做抛物线跃移沙量约占 75%，跳起高度达 70cm；粒径 0.01～0.25mm 的细粉沙在 1.0m 高处飘流、悬浮量约占 5%；粒径＜0.01mm 的微尘飘扬在高空悬浮形成经久不落的尘埃。

从风沙流的结构分析可知，高程 0～100cm 范围内的沙量占运动总沙量 99%以上，0～70cm 高程范围内的沙量占 95%以上。根据测量资料，在 0～70cm 范围内的沙量中，0～10cm 占 79.32%，0～20cm 占 91.62%，0～30cm 占 96.41%。可见，沙尘暴天气引起的沙尘输送量非常大，输送距离远，影响范围广。

Sahara 沙尘暴期间沙尘云顶高一般在 1.5～6km 之间。游来光等 1983 年 6 月沙尘暴期间在阿拉善及其附近地区的飞机观测也表明，在 2～3.3km 高度层内有一高沙尘含量层，其中沙尘含量大部分是 2～32μm 大小的粒子(图 4.1),在沙源区边界层湍流运动和锋面附近垂直环流有多少粒子被扬起、多大粒径的粒子、能抬升多高?这是研究沙粒升空的关键,也是进一步研究沙尘气溶胶远距离输送的基础,此外该次试验还在银川 3000m 上空观测到的最大尘粒直径为 350μm 的沙尘粒子(其重力沉降速度大约 2m/s),将如此大的尘粒带到 3000m 高空,必须有很强的上升气流。是什么样的动力机制产生如此强的上升运动?这也是研究沙尘暴起动和向上输送的重要问题。沙尘粒子升空后,如无足够强度的上升气流,较粗大粒子(大于 10μm)大部分会很快落回地面,较细小沙尘粒子可随中高空气流(风速可达 10～50m/s)向下游传输,造成下游地区的严重的环境危害。

Iwasaka(1983)对 1979 年 4 月一次沙尘暴的轨迹分析认为,到达日本上空的沙尘主要源于 40°～50°N、100°～110°E 地区,即我国戈壁、黄土高原、内蒙古等地区。更有甚者,在夏威夷群岛的 Mauna Loa观测站也发现有来自亚洲沙尘气溶胶的个例(Shaw,1980)。

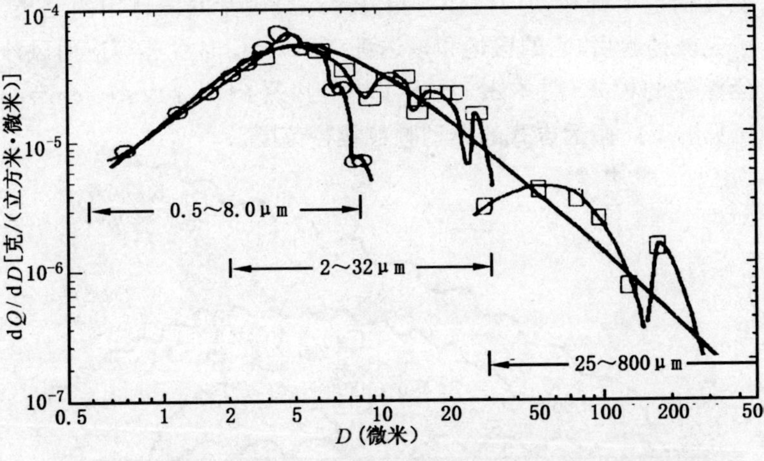

图 4.1 1983 年 6 月 10 日飞机探测航线和测得的大气质量密度谱

(引自周秀骥等,2002)

沙尘传输的环流，决定于中低空的风向。陈泰然和 Chen (1987)发现，沙尘随 850hPa 风向移动，移速大约 6～12m/s。图 4.2为 1998 年 4 月 17 日起源于中国新疆的特强沙尘暴的沿低空风向下游传输过程。

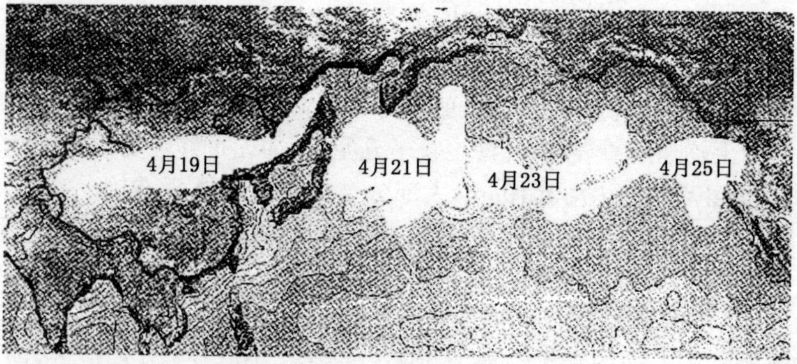

图 4.2　1998 年 4 月 17 日起源于中国新疆的特强沙尘暴
(引自钱正安，2002)

沙尘的扬起是一个很复杂的过程，是乱流扰动、大气热对流、系统性辐合上升和动力性强迫抬升等综合因素共同作用的结果。当沙尘被扬起后，它的搬运和输送都离不开风。时少英等应用风沙搬运颗粒的模式(图 4.3)，给出了中等风暴($\varepsilon=10^4\sim10^5 cm^2/s$)中所见的不同搬运方式的典型颗粒粒径范围。

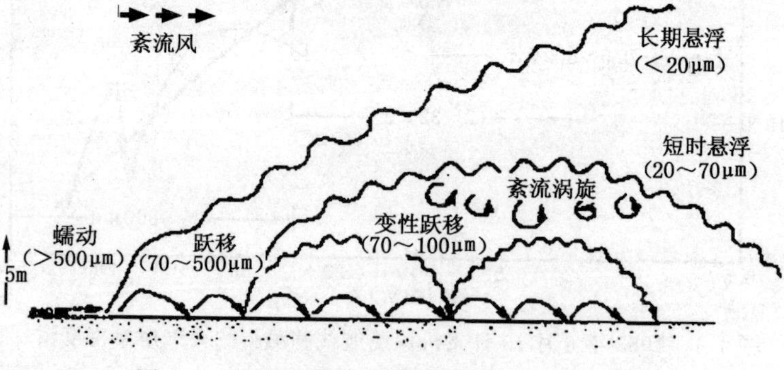

图 4.3　风搬运颗粒的模式(引自时少英等，2002)

ε 为紊流交换系数，表示垂直大气的混合程度。近似公式是

$$\varepsilon = \sqrt{w'^2} L \tag{4.1}$$

式中 L 为混合长度(Prandtl，1935)，定义为

$$L = \alpha k z \tag{4.2}$$

式中 α 对于中性大气为 1，对于不稳定大气(对流效应显著者)大于 1，对于稳定大气小于 1；k 为 Von Karman 常数，等于 0.4；z 为在最低边界层内高出地表的高度。

将同粒级颗粒带到边界层内特定高度 z 所需的紊流交换系数 ε 的估计值为：

$$\varepsilon = \frac{\alpha U_f k z}{0.06} \tag{4.3}$$

式中 $U_f = KD^2$，为颗粒被吹起后的沉降速度(cm/s)；K 为 $\rho_p g/18\mu$，ρ_p 为颗粒密度，g 为重力加速度，μ 为空气的动力学黏性系数。

沙尘颗粒在给定时间 (t) 内所能达到的平均高程(h) 与 ε 的关系如下式所示(Tsoar 和 Pye，1987；间接引自肯尼思 · 派伊，1991)：

$$h = (2\varepsilon t)^{1/2} \tag{4.4}$$

颗粒保持悬浮的时间可运用 $h = U_f t$ 得到：

$$t = \frac{2\varepsilon}{(U_f)^2} \tag{4.5}$$

即沉降速率越低，紊流交换越大，颗粒的分散越广。沙尘颗粒运移的最大距离和颗粒直径的 4 次方成反比：

$$L = Ut = \frac{2U\varepsilon}{(K^2 D^4)} \tag{4.6}$$

式中 L 为悬浮颗粒的移动距离；U 为平均风速。

图 4.4 是当 U =15m/s 和 ε 为 $10^3 \sim 10^7 \mathrm{cm^2/s}$ 时，根据公式(4.4)计算出的不同粒径的沙尘可能被输送的距离。在中性大气里中等风暴时，20μm 的颗粒不大可能迁移到离源区约 30km 以远，

而$<10\mu m$的颗粒则可能被搬运到数千公里之遥。当$\varepsilon=10^4 cm^2/s$时，$10\sim20\mu m$的颗粒被搬运的距离大约为500km范围。

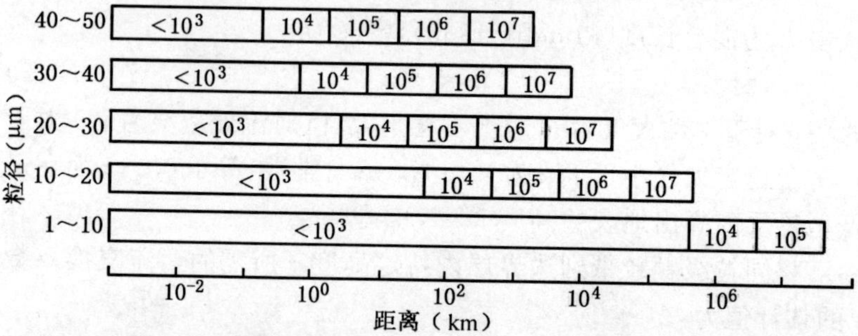

图 4.4　当$U=15m/s$和ε为$10^3\sim10^7 cm^2/s$时不同粒径的石英球粒可能被搬运移动的最大距离

（据 Tsoar 和 Pye，1987：间接引自肯尼思·派伊，1991）

许多研究分析了造成过量沙尘移动、转移和远程运载的气象条件，特别是高低空气流的输送作用。其中大部分是使用路径计算得到的。这种方法仅给出了大气中沙尘输送的一个粗略描述。为了获得大气中沙尘浓度时空分布的详细情况，应用输送模式计算是很有必要的，它能够再现沙尘从吹起到沉降的所有主要过程。通过输送模式的扩展运行和研究最受沙尘输送和沉降影响的地区，可以获得关于沙尘对气候影响的指标。

沙尘降落

沙尘暴在移动过程中，升空的沙尘微粒因自身的重力作用而不断沉降。气溶胶粒径不同，沉降速率则不同。一般说，粒径$>100\mu m$的微粒在空中悬留的时间是几分钟到几小时，而粒径$<1\mu m$的微粒在空中悬留可长达几个星期。沙尘在输送过程中气溶胶微粒不断地沉降、扩散、稀释，因此随着下风方距离的增大，大气中含尘量不断减少。图 4.5 为 1990 年 4 月 5～7 日和 1992 年 4 月 9～12 日的沙尘暴天气过程下风方各采样点的 TSP 浓度分布示意图。

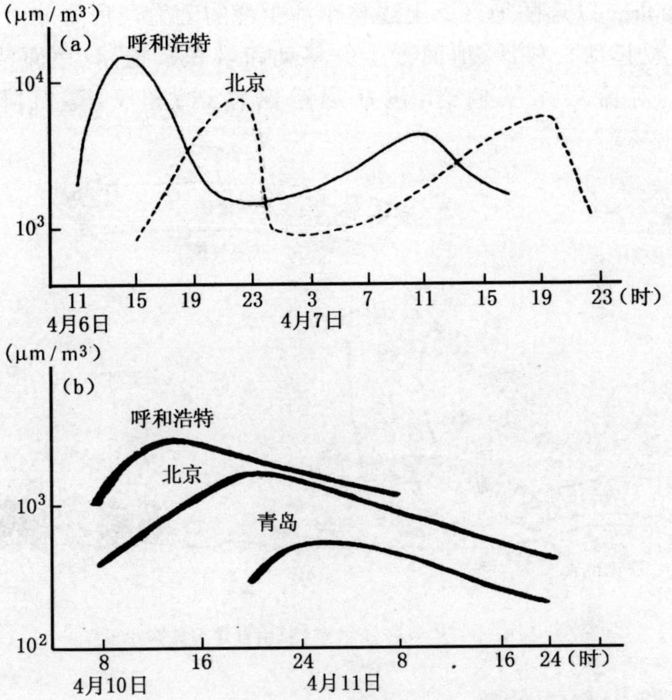

图 4.5　沙尘暴下风方 TSP 浓度示意图

由图可知，最靠近源区的呼和浩特其沙尘的浓度峰值最高，其次是北京，最低是青岛。榆林与延安相距较近，榆林的 TSP 浓度是延安的 1.8 倍，延安的浓度是临安的 9.8 倍，榆林的浓度是临安的 17.8 倍．这意味着沙尘在输送过程中不断沉降、扩散、稀释，故离源区越近(远)，沙尘气溶胶的浓度越高(低)。可见，沙尘的降落与其粒径大小和离源区距离有直接关系。

根据游来光等的估算，1983 年 6 月 10 日发生在阿拉善沙漠及附近地区沙尘暴过程沙尘区下游不同距离处大气沙尘质量沉降的百分比中，大约有 25%的沙尘量沉降在下游 250km 范围内，50%的沙尘量沉降在 1000km 范围内，有 20%的沙尘量可输送至

10000km 以远的地区。上述整个沙尘暴的动力过程可分为:起沙(沙粒起动)、移沙(地面沙尘的移动和堆积)、扬沙(地面沙粒升空)、对流层水平输送(包括远距离输送)和干、湿沉降过程(图 4.6)。

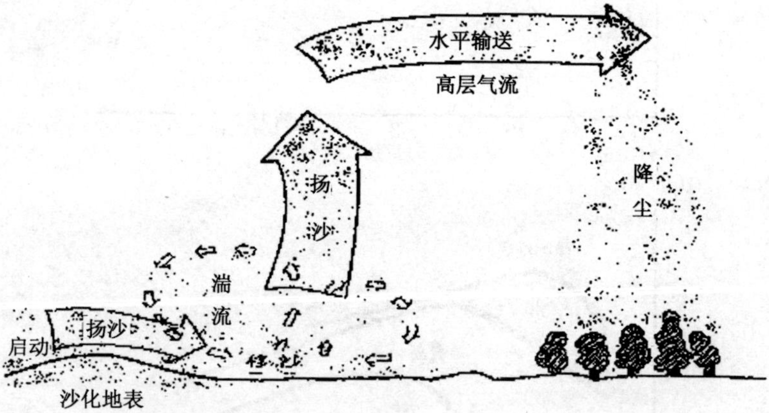

图 4.6 沙尘暴过程示意图(引自周秀骥等,2002)

降尘量的估算

张宁(1998)为推算出发生沙尘暴当月沙尘暴降尘在单位面积上的沉降量 (A_i),将该背景监测点采集到的大气自然降尘量实测值(X_i),与该点多年同期的均值($\overline{X}_i$) 比较,二者之差为:

$$A_i = X_i - \overline{X}_i \qquad (i = 1,2,3,\cdots,12)$$

计算出的值较准确地反映了在沙尘暴发生后,单位面积上的沙尘暴降尘的实际沉降量。根据单位面积上的降尘量 (A_i) 和所在地区总面积(S_i),可计算出沙尘暴降尘的总沉降量:

$$T_i = A_i \cdot S_i$$

表 4.1 为 1986～1996 年有大气环境监测资料以来,在我国西北地区发生的 12 次较大沙尘暴时,甘肃省各背景降尘点的实测结果和统计出的 A_i 值和 T_i 值。

表 4.1　近年来我国西北地区较大沙尘暴降尘在甘肃境内沉降状况（1986～1996 年）

区域		沙尘暴降尘的单位面积沉降量(t/km²)	沙尘暴降尘在各地的沉降总量(×10⁴t)
河西走廊	嘉峪关	65.55	8.51
	酒泉	46.45	887.55
	张掖	61.68	252.48
	金昌	1339.34	1284.83
	武威	189.94	631.32
	区域累计	340.15	3064.69
陇西黄土高原	兰州	79.61	107.94
	白银	89.07	178.27
	定西	62.18	122.00
	临夏	30.59	24.99
	区域累计	65.36	433.20
陇东黄土高原	平凉	39.74	44.27
	庆阳	52.74	143.03
	区域累计	46.24	187.30
陇南山地	天水	30.67	43.91
	陇南	10.49	29.27
	区域累计	20.58	73.18
甘肃境内总量*		163.54	3758.37

注：* 表示甘南高原数据少未参加统计

沙尘暴降尘在甘肃的分布是以河西走廊的东部为中心，向下游的地域扩散，降尘量也相应逐渐减少，形成一个自西北向东南的梯度分布。

1986～1996 年发生沙尘暴期间，沙尘暴降尘在全省总的沉降量为 3758.37×10^4t。其中在河西走廊沉降 3064.69×10^4t，占全省总量的 81.54%；金昌为全省的高值区，达到 1284.83×10^4t，占全省总量的 34.18%。陇西黄土高原沉降沙尘暴降尘 433.20×10^4t，占全省总量的 11.53%；陇东黄土高原为 187.30×10^4t，占全省总量的 4.98%；陇南山地为 73.18×10^4t，占全省总量的 1.95%。

由以上沙尘暴降尘量的统计结果看，其分布区域是以河西走廊的东部为中心，向大气环流的下游地域扩散。降尘量也相应逐渐减少，形成一个自西北向东南的梯度分布。

图 4.7 所示为沙尘暴降尘在甘肃省各区单位面积上降尘的分布情况。

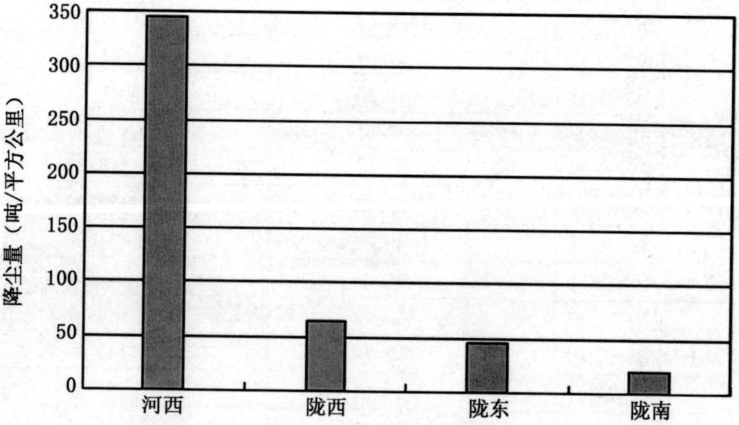

图 4.7　沙尘暴降尘在甘肃各区单位面积降尘分布

由沙尘暴降尘量的分布地域看，河西走廊是高值区。随着冷锋气流对沙(土)尘在搬运中能量的逐渐减弱，致使不同粒径的沙(土)尘物质按由粗至细的次序沉降，与沙尘暴降尘量自西北向东南逐渐下降的分布趋势相吻合。同时也与黄土高原西、东部的黄土堆积分布状况相似。

由此说明，我国西部发生沙尘暴时的沙尘暴降尘，有相当一部分是通过狭长的河西走廊通道沉降在陇西黄土高原和陇东黄土高原一带。

另外，造成甘肃境内西北部与东南部降尘量较大差别的原因是，随海拔高度的下降和输送距离的增加，气流对沙尘的搬运能力会逐渐减弱，致使不同颗粒的物质按由粗至细的次序沉降。

黄土高原的沙尘

黄河中游的黄土高原是中国黄土分布最广、厚度最大的地区，其面积达 $27.5\times10^4km^2$，约占全国黄土总面积的43.7%。黄土高原西部的兰州一带，黄土厚度达200～300m，六盘山以东及吕梁山以西黄土厚度在100～200m。黄土粒度的分布自西北向东南逐渐变细。沙尘暴降尘在甘肃的沉降量统计结果，只是反映了短短11年间十多次沙尘暴的沉降状况。而黄土的堆积形成却历经几千乃至上万年。

对我国降尘现象的记载可远溯至公元前1150年。史书中对我们现在所称的降尘常被记为"雨土"、"黄土"、"黄砂"、"雨尘土"、"黄霆"等。历史时期雨土地点分布与现代浮尘日数分布及黄土分布三者颇为近似，意味着昔日黄土堆积也有类似的风力传送过程。中国西北的沙尘土向东部搬运和沉积不只限于沙尘暴一种形式，也不限于春季。扬沙、浮尘对沙尘的输送都有相当大的贡献。在我国第四纪沉积物——黄土的风成学说中，大气降尘是一种重要的沉积过程。多年来许多地质、冰川工作者也都在研究这一现象。较早的提出了黄土堆积源于中国沙漠贡献的论点和西部沙尘暴形成后，经冷锋抬升而进入大气，在西风急流动力作用下，向东传输形成了"亚洲粉尘"。在冰川表层雪冰样品中的化学离子浓度和微粒浓度受源于西部干旱、半干旱区亚洲粉尘的控制，而呈现出北高南低的空间分布趋势。

现代浮尘、尘暴及降尘天气的粉尘源地是在甘肃、内蒙和南疆的干燥沙漠地带。强风对地面的吹蚀使大量的地表沙尘物质被卷入气流，形成沙暴或尘暴，并随风飘移到风力减弱地区。沙尘暴降尘不仅对大气环境质量造成了危害，同时还将对大气物理（太阳辐射、气温、降水化学）、物质传输、农业土壤、地质、冰川等方面产生影响。

沙尘暴对大气环境和气候的影响

沙尘暴对大气环境质量的影响

沙尘进入大气是一个相当复杂的多尺度天气过程。沙尘浓度场的非均匀特征使得大气中沙尘存在时间的预报相对复杂一些，这类似于大气模式中沉降或湍流动能的预报。大范围的沙尘输送对环境产生了许多影响:海洋藻类的大量繁殖、对太阳辐射的散射、能见度的降低以及带色沉积等。

沙尘暴会给发生和过境地区的环境带来可怕灾难。1993年5月5日特强沙尘暴,在侵袭永昌县电厂时把$14.5\times10^4m^3$的炉灰全部吹向了空中;在侵袭我国著名的镍都金昌市时,强风速竟达34m/s,把金昌公司的$30\times10^4m^3$的尾矿砂全都吹向了空中;沙尘暴过境后,目击者称市内的建筑如从灰地底下冒出来似的,外表层都蒙上了厚厚一层灰土,尤如出土文物。

我国北方大部分地区处在干旱和半干旱区,风沙天气发生频率高,特别是沙尘暴天气,是造成颗粒物污染的最大的自然流动污染源。1993年5月5日甘肃河西特强沙尘暴天气过程中,据当时在金昌市工作的长沙劳动保护研究所的科技人员测定,空气中含沙尘量:室外为$1016mg/m^3$,室内为$80mg/m^3$,均超过国家规定生活区内空气含尘量标准的40倍以上。1986～1996年的11年间,发生在西北地区的较大沙尘暴在甘肃境内共降尘约3.76×10^7t,其中河西走廊就占了降尘总量的80%以上。在沙尘暴发生期比非沙尘暴发生期,河西走廊背景降尘量平均上升了1.87倍。沙尘暴除在当地产生大量降尘外,还可通过大气环流将大量尘埃微粒输送到其下风方向的有关地区。如我国西北地区沙尘暴天气过程中,可将大量的尘埃输送到东部地区甚至日本上空,影响那里的大气环境质量。更有甚者,一次非洲撒哈拉地区的强沙尘暴天气过程,可通过热带东风气流将约48×10^4t尘埃输送到南美大陆的亚马逊平原东北部,年输送降尘量可达1.3×10^7t。

兰州市位于甘肃河西走廊下游,是我国颗粒物污染最严重的城市之一。造成这种状况的原因,除了当地大量污染源的排放、特殊的地形和不利的大气扩散条件等因素外,每年冬、春季节河西地区沙尘暴天气的频繁发生及其大量尘埃向该地区的输送也是重要原因。

据有关资料分析，甘肃河西沙尘暴年发生日数变化与兰州市TSP年平均浓度变化相当一致，两者之间的相关系数为0.526，通过了相关显著性水平$\alpha=0.05$的检验。图4.8所示为春季甘肃河西沙尘暴发生日数与同期兰州市颗粒物污染浓度的分布情况，可见两者的相关更高，相关系数达0.706，通过了显著性水平$\alpha=0.01$的检验。

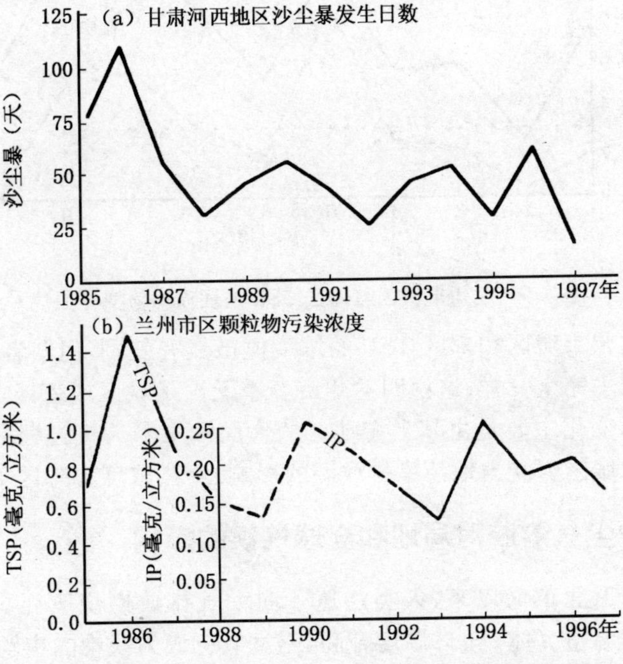

图4.8 沙尘暴发生日数与颗粒物污染浓度年际变化曲线(1985～1997年)

图4.9是1998年3～5月兰州城区和郊区(榆中三角城)TSP周平均浓度值的变化曲线。可以看出，无论是兰州城区还是郊区，春季中的第5周和第8～9周均为两个TSP高浓度时段。由天气分析可知，在第5周的3月27日至4月2日一周内，其中27～28日河西发生沙尘暴，导致兰州市发生扬沙和浮尘天气；第8周的4

月 17～20 日河西又发生大范围的沙尘暴天气，使兰州市于 19 日开始出现浮尘天气，并持续了两天；第 9 周的 4 月 26～27 日，由于上游的大风扬沙天气所致，28 日兰州市发生了浮尘天气。之后，29～30 日兰州市降了小雨，污染浓度下降。

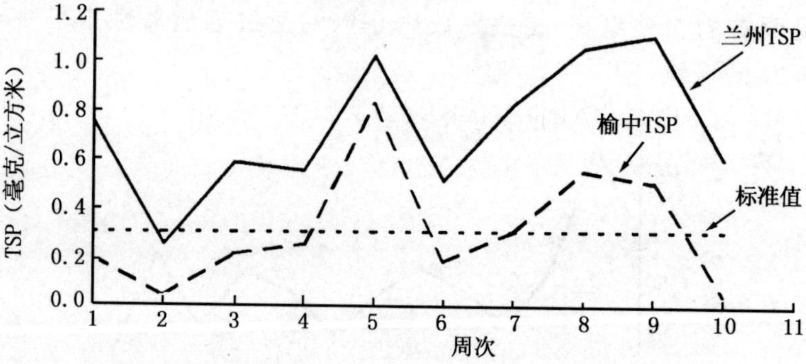

图 4.9　兰州市城区与郊区 TSP 浓度周均值变化曲线

兰州市城区和郊区 TSP 的浓度值虽然有差别，但两者的变化趋势几乎完全一样，这说明兰州市春季无论是城区或郊区 TSP 浓度周际变化主要是由其上游地区的大风沙尘暴天气过程造成的。只不过城区因受当地污染排放源的影响，污染浓度比郊区更高。

沙尘气溶胶对局地和全球气候的影响

自工业革命以来，人类加速了向大气排放燃烧废弃物 CO_2、NO_x 等温室气体。全球温度升高，温室效应成为谈论的主题。气候学家在考虑不断增加的温室气体，运用气候模式对气候变化状态进行预测，但是预测的准确性仍是十分有限的。某些年代虽然温室气体的排放量有所增加，但是全球气温却又出现了普遍下降（如 20 世纪 40～60 年代）。人们开始认为温室气体不是气候变化的唯一因子，另一重要的因子就是大气气溶胶，它在大气中具有冷却效应。

气溶胶是指浮在空气中的、由固体和液体微粒与气体载体共同组成的多相态体系。自20世纪70年代就有人注意到气溶胶的气候效应。1971年RaSoo和hneider提出：若全球的气溶胶本底浓度增加4倍，将会使地面平均温度降低3.5℃，但是事过不久，全球性增暖现象使气溶胶气候效应被淡化。直到1991年菲律宾的皮那图博(Pinads)火山喷发，大量的尘埃和硫酸盐气溶胶进入大气，全球平均温度下降了0.5℃，气溶胶对气候的影响才被引起关注。近年来，这个问题已展开了许多讨论，并且已有许多这方面的研究。自19世纪末AidLell计数器问世以来，探测技术方面有了突飞猛进的发展，如激光计数器、激光雷达、卫星遥感等。但是对气溶胶的观测一直未能长期系统地进行，因为先进的仪器非常昂贵，难以推广，有些观测也只能在一定的局部区域范围内进行。而气溶胶浓度在空间的变化非常大，一些自然变化的噪音信号能够掩盖气候信号，在这方面的研究必须要有全球范围的系统资料。

全球范围的气溶胶浓度随着人类活动的加剧而不断增加，人口的增长、土地的过度开垦与荒漠化、工业的发展都会产生大量的气溶胶，特别是沙尘暴天气造成的大量沙尘气溶胶，这一点在局部地区是显而易见的。工业城市、山区或河谷居民稠密区，大气条件明显恶化，其上空的气溶胶浓度可以是远离人口稠密区的3～10倍，在海洋上空气溶胶的浓度也逐年增加。Twmp认为从20世纪以来在船舶上对大气电导率的记录是很有意义的资料，他把大气电导率转换为绝对粒子数浓度，认为在北大西洋上空从1968年到1973年粒子浓度由2000个/cm^3增长到5000个/cm^3。虽然用电导率来推算粒子浓度由于存在难以确定的物理量(如电离率、小离子迁移率和粒子的复合数等)，准确的粒子浓度难以计算，但是粒子浓度相对增长数量的判断是十分可信的。

产生气溶胶的源很多，沙漠地区、干旱或半干旱地区裸露地面、火山喷发、海洋洋面等都是自然气溶胶源。它们产生的气溶胶对全球气温有较大的影响，沙尘暴产生的沙尘气溶胶被输送到数十公里的高空，大气环流又将其输送到更远的地区。在巴巴多斯能观测到从撒哈拉沙漠吹来的大量尘埃，其烟羽对太阳光的散射作用可达当地硫酸盐气溶胶的4倍。除自然源外，还有人类活动向大气排放气溶胶的源，以石化燃料燃烧的排放为主。在工业城市及其下风向地区都有较高的气溶胶浓度。这样的排放量相对自然源其范围都小得多。土地的荒漠化、植物燃烧、森林火灾也可以产生大范围高浓度的气溶胶。

正是由于人们对气溶胶的观测历史短，缺少全球的常规气溶胶观测项目，所以气溶胶的冷却作用到现在仍是一个很不确定的量。政府间气候变化专门委员会曾对大气中各种辐射强迫做过估计，其中气溶胶强迫的估计值分布在一个很宽的范围内。若其真实冷却作用在此范围的小值区，那么大气就是一个易变的敏感系统，并且不久的将来全球性增暖是确信无疑的。若气溶胶的冷却作用在此范围的高值区，那么其冷却效应几乎抵消温室气体的作用。正是这种不确定性，使得现在的全球气候模式很难在准确性方面进一步提高。因此目前世界范围内对气溶胶的研究还在加强。

国内外对人为气溶胶进行过许多观测研究，特别是对城市人为气溶胶的研究。以前的研究大部分只是针对局地空气污染和环境保护来进行的，很少考虑对气候的影响。近几年有一些初步的研究结果，如：山区易于使人为气溶胶堆积；气溶胶的浓度在100$\mu g/m^3$以上时地面太阳辐射就明显减少；当气溶胶浓度达500$\mu g/m^3$时，400～600m厚的烟雾层可使地面太阳辐射减少30%；空中气溶胶吸收了太阳辐射而增温，使大气不稳定性减弱，并使大气扩散能力变差，进而使山区上空气溶胶堆积加重。这种正反馈积累过程是山区或河谷城市的大气污染气候特征。陈长和等对兰州市大气污染的观测表明，兰州市上空600m厚度的烟雾层大气混浊度系数为0.357，比烟雾层以上的大气混浊度系数大2.3倍。

对于北非沙漠产生的尘埃气溶胶所做的观测较多，观测历史也较长。例如：Li等在对气溶胶观测研究后认为：由北非沙漠所产生的气溶胶覆盖了10～20°纬度范围，高度达3～6km，气溶胶烟羽可达到加勒比地区。这种沙尘烟羽在春、夏、秋常见，显然是沙尘天气形成的。他们的进一步研究指出：北半球人为产生的硫酸盐气溶胶（包括由砍伐森林造成的荒漠化土地面积上的气溶胶）散射约1～2W/m^{2}的太阳入射辐射到太空，这一数量与温室气体所产生的增温能量相当（一般约2W/m^2）。Li等1994年4～5月在巴巴多斯上空测到最大的气溶胶浓度为209μg/m^3，一般都超过65μg/m^3。该地区的日平均值常常超过100μg/m^3。最大日平均散射系数（ASC）为160×10^{-6}。测量的气溶胶光学厚度（AOT）在550nm波长上，一般超过0.2以上，最大值为0.72。Li等对巴巴多斯10年的ASC资料统计后发现：尘埃所占的比例为56%，海盐为33%，SO_4为11%。他们估计全球的气溶胶产生量为：尘埃气溶胶1000～3000t/a；硫酸盐气溶胶250t/a，其中140t/a为人为产生量。因为这一估计量所影响的空间范围和时间范围尚不确定，再者由于不同地区产生的气溶胶的物理化学性质亦有差异，所以估计对全球气候影响的强迫量仍只能在一个很大的范围。

从日本地球静止气象卫星观测资料发现，中国北方黄沙漂浮最大高度不在塔克拉玛干沙漠附近，而在黄河中下游地区，并且近年来这种黄沙飘浮很多，据估算达10^6～10^{7}t/a。黄沙长距离输送会造成我国西北地区相当一部分耕地农田沃土的损失（其微粒尺度大都在50μm以下），但是却有增加下游地区降水量、缓解酸雨的危害程度等明显作用。河北省在4～5月上游出现沙尘暴的情况下，对应当年6～8月多雨的频率高达71.4%。同时也对下游地区的太阳辐射造成影响，进而影响到地面气温等气象因子的变化。通过卫星资料分析气溶胶光学厚度也发现我国西北沙尘暴是大气气溶胶的重要来源。卫星云图显示，来自塔克拉玛干沙漠、戈壁及黄土高原的沙尘可蔓延数千公里，覆盖面积达10^{6}km^2。沙尘暴微粒在平流层的浓度增加会造成平均气温的降低。

有关研究表明：来自中国西北地区的黄沙粒子到达日本后将作为日本上空过冷却云中凝结核的主要部分，对日本的降水起着重要作用。又加之黄沙冰晶核呈碱性,它对防止日本酸雨的产生起着积极的中和作用。Iwasaka 对 1979 年 4 月 14～15 日发源于中国西北沙漠地区一次沙尘暴过程的研究表明:尘暴云的水平范围大约 $1.36\times10^6 km^2$,总的沙尘粒子质量至少有 $1.63\times10^6 t$。雷达监测结果表明,尘暴云是由两层组成:较高一层高度约 6km,较低一层的高度约 2km。其轨迹分析结果显示:上层的沙尘云来自于中国的塔克拉玛干沙漠,下层的沙尘云来自于西北戈壁沙漠区和黄河流域。这表明,中国西北地区的沙尘暴天气过程,对下游地区的天气气候产生重要影响。

沙尘暴对于大气化学和大气光学特征的影响

沙尘暴所形成的大气气溶胶浓度和分布,以及云物理等大气物理特性,它们对于大气化学和大气光学特征的影响,以至对降水和地面总辐射等的影响,也都是非常显著的。

通常认为气溶胶辐射强迫主要是在 0.1～10μm 粒径范围。这一范围的气溶胶被称做稳定气溶胶,能在对流层中悬浮超过数十天,在平流层中可悬浮一年以上;大于这一范围的气溶胶能对太阳短波辐射和长波辐射有较强的吸收作用,但是在空中停留时间很短;小于这一范围的气溶胶其辐射效应也小。

气溶胶对辐射的影响有两种方式:一种是直接影响,指气溶胶直接散射,吸收辐射;另一种是间接影响,指气溶胶作为凝结核,在大气中改变云滴的浓度和云滴在大气中存在的时间,对辐射平衡有着重要影响。

气溶胶的辐射强迫是双向的。它可以把太阳辐射向太空中散射,形成负辐射强迫;也可以吸收由地面而来的长波辐射,其作用与温室气体作用相似,形成正辐射强迫。最终是正强迫还是负强迫依赖于天空云的状态和地面反照率,例如在地面反照率小的地区,如海洋面,其向上的长波辐射小,此时气溶胶强迫以散射太阳光为主,气溶胶强迫一般为负。

总之,沙尘暴产生的气溶胶不仅对局地气候产生影响,而且对大范围甚至全球气候的影响也是显著的,已引起了环境和气候学家的重视。

第五章

沙尘暴的监测、预警

由于现有气象观测网在沙漠、戈壁地区非常稀少，按目前常规气象站的分布，只能观测记录发生在气象站视区内的天气现象，沙尘暴的水平尺度范围可从几平方公里到几千平方公里，因而很难观测到每一次沙尘暴的全过程；在常规气象观测项目中还没有沙尘气溶胶含量，因此沙尘气溶胶含量只能采用一些方法估计。

沙尘暴的监测方法

沙尘气溶胶含量估计

国外学者应用沙尘粒子的谱分布模式以及 β 和 α 值估算了在黄沙天气过程中，大气中沙尘尘埃的含量在 0.4～1.0g/m^2 之间。游来光等计算了沙尘暴过程中沙尘在大气中的含量约为 1.7g/m^2。在沙漠、戈壁地区沙尘粒子的有效粒径介于 0.6～1.8μm 之间，有时在 1.0～3.0μm 间。为了估算大气中气溶胶质粒总含量，Volz 应用气溶胶质粒 Junge 分布：

$$\frac{\mathrm{d}n}{\mathrm{d}r} = c \cdot r^{-(\nu+1)} \tag{5.1}$$

其中 $\mathrm{d}n/\mathrm{d}r$ 是粒径范围内气溶胶质粒的数量,c 是常数,r 是质粒半径,ν 的典型值取 3. 0,将气溶胶质粒总体积浓度表示为:

$$V_m = \int_0^{\infty}\int_{r_s}^{\eta} \frac{3}{4}\pi r^3 \cdot n(r)\mathrm{d}r\mathrm{d}z \tag{5.2}$$

如果假设垂直气柱内气溶胶质粒均匀分布,Volz 计算表明在 0. 10～1. 0μm 间气溶胶质粒在垂直气柱内的总质量 M (kg/m²) 与 β 成正比,即:

$$M = a \cdot \beta \tag{5.3}$$

其中 a 是一常数。

Jaseph 考虑到实际沙尘暴情况下,有大粒径粒子时,即气溶胶粒子半径在 0. 1～20. 0μm 间,垂直气柱内气溶胶含量 M_1 表示为:

$$M_1 = 2.3a \cdot \beta \tag{5.4}$$

根据 Volz 假设和 Jaseph 改进方法,计算出沙漠、戈壁地区大气中沙尘含量列于表 5.1,可以看出,某一地区在有扬沙或沙尘暴现象发生时,大气中沙尘含量很高,而一般情况下,局地大气比较清洁。

表 5.1 用 Volz 方法和 Yamamoto 方法计算得出的沙漠戈壁地区大气中沙尘质量比较

天气类别	平均浑浊度系数 (β)	平均波长指数 ($\bar{\alpha}$)	平均有效半径 ($\bar{r}$)(μm)	Volz 方法的计算值 (g/m²)	Arao 方法的计算值 (g/m²)
无沙尘	0.043	2.19	0.18	0.002	背景值
浮　尘	0.077	1.79	0.32	0.042	0.067
扬　沙	0.131	1.40	0.52	0.163	0.171
沙尘暴	0.317	0.83	1.09	0.394	0.507

Arao 等在研究日本上空黄沙现象时指出,局地垂直气柱内黄沙粒子数目依赖于大气浑浊度系数,而与波长指数关系不大。为了

估算局地黄沙含量，他把黄沙天气看成是加在背景天气（无黄沙）基础上被黄沙污染后的天气。黄沙粒子尺度分布用下述模式表示：

$$\frac{\mathrm{d}n}{\mathrm{d}r} = \sum_{i=1}^{2} c_{Ri} \cdot \exp\left\{-\frac{(\ln r - \ln r_{mi})^2}{2\sigma^{Ri}}\right\} \tag{5.5}$$

其中 c_{Ri} 是常数，σ^{Ri} 是分布偏差，r_{mi} 是粒子平均半径，这种尺度分布模式特点是，当 $i = 2$ 时，增加了大粒子的尺度分布。Yamamoto 经过计算发现黄沙体积浓度可用 $(\beta - \beta_B)$ 的函数近似表示为

$$V = b \cdot (\beta - \beta_B) + c \cdot (\beta - \beta_B)^2 \tag{5.6}$$

其中 β_B 为背景天气下的大气浑浊度系数，常数 b 和 c 由背景大气决定，不同背景大气的波长指数 α_B，b 和 c 数值不同。

如果沙漠、戈壁地区，以最清洁的大气作背景大气，并假设沙尘粒子为球形，应用(5.6)式对沙漠、戈壁上空大气中沙尘含量进行估算，结果列于表 5.1。可见两种方法虽有一定差别，但在有沙尘暴、浮尘天气条件下大气中沙尘的含量要比无沙尘天气条件下大许多倍，事实正好如此。

上两种计算大气中沙尘含量的方法只是在一定条件下，强调了大气中沙尘与 β 的关系，而忽略了其他因素对沙尘含量的影响。因此，只能作为一种粗略估计。尽管这样，这种估计对了解局时局地大气中沙尘含量的意义还是很明显的。

卫星监测

沙尘暴天气是一种多尺度的灾害性天气，其发生发展都具有不同时空尺度和生命史，因其经常发生在广无人迹的沙漠、戈壁滩荒漠地带上，常规方法很难进行监测和追踪。我国西北地区地域辽阔，自然环境恶劣。由于条件限制，沙尘暴多发区内气象站点稀少，严重制约着沙尘暴的监测和预防。因此发挥气象卫星的千里眼作用，可以对沙尘天气进行监测跟踪和灾情评估。

图 5.1 为 2001 年 4 月 7 日发生在我国东部地区的沙尘暴卫星监测图像。近年来，国家卫星气象中心开展了沙尘暴的遥感监测

与灾情评估研究，通过气象卫星多通道光谱原理实现了提取沙尘暴信息的方法，并依据大气辐射传输理论推导出了沙尘气溶胶光学厚度及其大气含沙量；建立了沙尘暴的监测与灾情评估系统并进行了试运行，取得了较好效果。

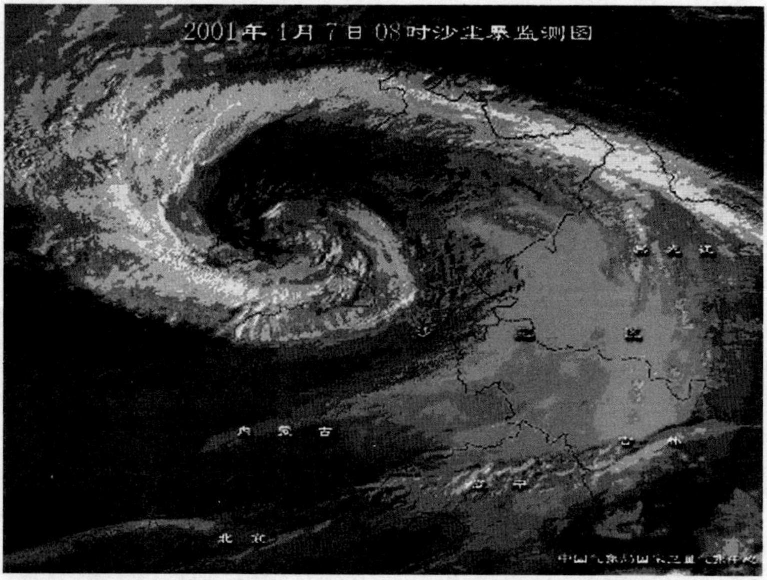

图 5.1　2001 年 4 月 7 日 08 时沙尘暴卫星监测图

利用卫星遥感技术可以对沙尘暴进行有效监测，这对沙尘暴的预警、防范等有着十分重要的意义，已越来越受到重视。从卫星资料可以提取沙尘暴信息以及定量分析沙尘暴有关参数，如面积、影响高度、浓度分布、输送、起止时间等。

极轨气象卫星具有监测范围广、分辨率较高（星下点为 1.1km）等特点，对沙尘暴天气的监测有其独特优势。

极轨气象卫星上的扫描辐射仪有 5 个波段，其中可见光和近红外波段可接收来自下垫面反射的太阳辐射，反映了下垫面反射率；热红外波段可接收下垫面的热辐射，反映下垫面的温度分布状况。沙尘在反射率和温度等方面都与地表、水体、积雪、云系等有一定差异。通过有效的判识方法，可以分离出沙尘的遥感信息，从而达到监测沙尘暴的目的，对其浓度、面积、高度等重要因子可进行进一步定量反演。其方法有两种。

门限值法：沙尘在可见光和热红外波段上与地表、云系等属性有一定差异。显然，它不具有植被特性，即归一化植被指数(NDVI)小于零；沙尘来源于地面，其温度比云顶温度高，但由于悬浮在空中，又比地面温度低；其反射率较水体高。此外，沙尘的含水率较沙地要高，其水汽指数

$$K = \frac{\mathrm{ch4} - \mathrm{ch5}}{\mathrm{ch4} + \mathrm{ch5}}$$

即用第 4 和第 5 通道观测值的差与和之比来表示，与沙地有所区别。门限值法就是根据这些特性，确定各波段间组合的合理门限值，从而分离出沙尘信息。

主成分分析法＋聚类分析法：由于门限值法存在主观影响因素，如果没有密集的地面监测资料做验证，就难以消除误差；特别在沙尘地界分析上，误差更大。采用主成分分析＋聚类分析法，可以比较客观地分离出沙尘信息。

郑新江等用 NOAA 气象卫星数据，经实时采集、预处理(包括数据分离、辐射定标、地理定位和太阳倾角计算)、正方投影及地标修正后，形成卫星遥感数字图像。星上 AVHRR(改进的甚高分辨率扫描辐射仪)有 5 个探测通道(分别在 0.58～0.68μm，0.725～1.10μm，3.55～3.93μm，10.3～11.3μm，11.5～12.5μm)，其中第 1、2 通道(ch1 和 ch2)位于可见光和近红外波段，用于探测下垫面对太阳光的反射特性，用来推算反照率；第 3、4、5 通道(ch3、ch4 和 ch5)为热红外通道，可接收来自下垫面的热辐射，由此得到下垫面的亮度温度。由于沙尘暴与其它目标物(云系、地表)在反照率和温度上均有所差异，故可以监测沙尘暴天气。

根据不同目标物象元的通道光谱数据进行相应的统计分类，以区别沙尘暴区并对不同浓度的沙尘暴进行分类，提取沙尘暴及

周边区域不同象元的可见光(ch1)与红外(ch4)通道样本,以聚类方法对样本作统计分析,可进行定量提取沙尘暴参数。

沙尘暴参数

沙尘暴区面积：地球本身是一个椭圆体,这里计算的面积实际上是求算各个经纬度范围内代表沙尘暴的象元面积之和。

沙尘暴影响高度：利用卫星观测到的沙尘暴顶的温度,可以求算沙尘暴影响高度。分析表明,强沙尘暴区影响高度位于2500～3200m之间,弱沙尘暴区影响高度在1000～2500m之间。

沙尘暴浓度分布与低层风场的关系：分析发现,沙尘暴高浓度区始终位于700hPa风切变最大的地区。沙尘暴区的低空风场与沙尘暴区以外有着很大差异,存在着中尺度切变或环流。

沙尘暴的输送：沙尘的输送是沙尘暴研究中的一个重要参数,连续的卫星资料可以较好地追踪沙尘输送情况。如1988年4月9日～13日沙尘暴过程,4月9日,一个深厚的低槽影响我国西北地区,槽后有明显冷平流,地面有冷锋配合;10日冷锋经过内蒙古西部巴丹吉林和腾格里沙漠时,出现沙尘暴天气,加之陕北850hPa为一热低压,更有利于沙尘升空输送;11～12日影响华北、华中和华东;13日影响日本。云图上,低槽冷锋云带已移到日本上空,其后为大范围晴空区,在黄海上空呈暗灰色调的区域为浮尘区,形状呈团块状或波浪形,外缘边界不明显。分析连续云图,在大陆东部上空浮尘向东南方向移动,平均速度为32～37km/h,入海后向东北方向移动,移速达到35～40km/h。

沙尘暴的结束：卫星云图可以反映不利于沙尘暴发展的环流条件,为预报沙尘暴天气的结束提供信息,例如1984年4月24日～26日新疆克拉玛依、吐鲁番、宁夏、内蒙古、陕西等地均出现沙尘暴天气,但未影响到华北,原因在于1984年4月26日08时,我国东北、华北北部为涡旋云系,云系尾部的晴空区内有大范围沙尘分布,但河北上空有一条云带由多层云系组成,并且移动缓慢,受其影响,华北东部出现了降雨天气,因而北方沙尘未扩散到华北。

近几年卫星监测实践证明,利用卫星监测沙尘暴是一种切实可行的方法。

沙尘暴光学厚度监测

沙尘暴光学厚度的监测目的：

(1)为模式预报提供初始场；

(2)为检验沙尘暴的模式预报的可靠性提供观测依据；

(3)为分析、评估沙尘暴的发生规模、移动路径以及影响等提供定量的观测资料。

监测网

沙尘暴天气基本气象要素观测：各省、市(区)所属气象台站，尤其是沙尘暴多发易发地区台站按常规方法进行沙尘暴观测；在沙尘暴易发季节，从时间上应加密观测。

自动气象站观测：在沙尘暴易发多发区和无人地区布设自动站，站网密度达到中尺度天气监测要求，采集的数据由中心站处理。

高空探测：沙尘暴多发、易发地区的气象台站，在沙尘暴天气多发期，应加密高空观测。

天气雷达监测：为了弥补荒漠地区站点稀疏，资料空间尺度大的问题，在其周围布设多部天气雷达，形成天气雷达联网，实施对沙尘暴天气的跟踪监测。

气象卫星监测：在沙尘暴多发区，建立卫星遥感中心，加强卫星监测能力，增设气象卫星接收处理系统，实行对沙尘暴天气的连续监测和动态跟踪，并作客观定量诊断分析，迅速确定与沙尘暴中尺度天气事件有关的气象参数。

资料信息系统：所有信息传输均通过区域级信息控制中心、省级信息控制中心和地(市)级信息管理系统，利用卫星综合应用系统进行卫星通信传输，以满足沙尘暴天气预报业务要求。

沙尘天气监测系统各部分之间的关系如图 5.2 所示。

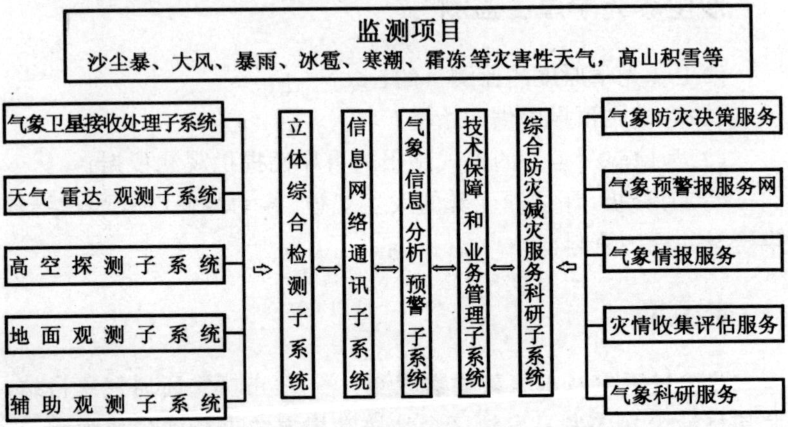

图 5.2 沙尘暴天气监测系统框图

沙尘暴的分析与预报

目前社会各方面对沙尘暴的预报和服务需求不断增加。社会经济发展了，人们生活水平提高了，也就会越来越关注自己所居住的生活环境问题，人们都希望生活在一个风和日丽、空气清新、环境优美的世界里，可是近年来，沙尘暴、扬沙和浮尘天气频繁地发生，已经严重干扰和影响人们的正常生活，对社会经济和环境均造成一定程度的危害。目前正在实施西部大开发，各项经济活动和开发项目已经全面启动，我国西部大开发战略的实施，不但需要一个良好的社会投资环境，同时也需要一个好的地理投资环境。

为了进一步搞好沙尘暴天气研究、联报联防工作，在资料统计的基础上，搞清楚形成沙尘暴天气的天气动力学条件、物理机制、中尺度系统和地形效应，采用天气学方法定性地确定沙尘暴天气的预报着眼点，利用数值模拟和统计学方法，结合天气学模式建立健全沙尘暴天气短期预报系统是十分必要的。

天气形势分析

要考虑季节及气候特点：沙尘暴一般出现在冬末到夏初，这一段降水相对较少、大风次数较多。

要有适当的天气形势相配合：沙尘暴出现前三天，高空大气环流形势出现明显的调整，上游有槽出现，温度槽脊落后于高度槽，有成片的大于 20m/s 的急流区，低槽上游脊迅速发展。地面天气图上冷锋后正变压明显。沙尘暴出现前 5～6 小时锋后有大于 3hPa 的 3 小时正变压。

要把握好天气系统影响的时间：沙尘暴的出现有明显的日变化，影响系统中午前后到达，则会发展加强，如果是傍晚前后到达则会减弱。

要考虑下垫面对沙尘暴的作用：沙尘暴一般发生于沙漠及荒漠边缘地表干燥疏松而无植被覆盖的地区。

500hPa 高空天气图上，影响系统可归纳为横槽转向类、脊前下滑槽类、西风小槽东移类和东北冷涡类等四种类型。

天气学方法预报思路

在预报西北沙尘暴时，着重考虑以下几点：

(1)从天气图上看，分析在乌拉尔山是否有暖脊形成，脊前有一支强西北气流配合。分析强冷空气是否会在西伯利亚堆积加强，能否形成深厚的冷槽，温度场是否明显落后于高度场，力管效应是否明显。

(2)欧洲中心 72 小时预报图上，在新疆至甘肃河西一带是否有深厚的冷槽存在，槽后西北气流是否明显。

(3)要认真分析前期气候背景，是否长期干旱少雨。而且要掌握沙尘暴一般出现在冷暖空气交绥最为频繁的春季，其它季节很少见。

(4)前期是否持续数日高温天气,因为这样的天气易于地面形成热低压、产生辐合上升运动,地面土质也更干燥疏松。

(5)确定冷锋过境的时间,是否在午后至傍晚入境。

(6)要考虑特殊地形的作用和沙尘暴多发易发区。

(7)充分利用卫星云图资料,确定冷锋云带的强度和高空风速的大小,同时注意锋前是否有强对流运动、有对流云团产生、发展。

(8)进入 4～5 月份,要认真分析有关沙尘暴易于出现的所有地区的资料,加强监测,注意冷空气的动向,增强责任感,提高防范意识。

甘肃沙尘暴预报方案

大风的中、短期预报:兰州中心气象台根据分析认为,中期预报重点考虑十天内有无大风过程,着眼点应放在北半球高、中纬长波波型的调整,高纬超长波 1～2 波上能量的积聚,中纬 90°～100°E 长波槽的建立为极区冷空气向南输送提供有利的环流背景,高纬西风指数由高变低,中纬指数由低变高等这些有利于大风环流背景场建立的机制。

短期预报应着眼于中纬度 90°～100°E 长波槽南北向强烈加深(注意槽前后的正负变高配置、槽前疏散结构等),长彼槽后北支强锋区的南压,冷锋进入和移出河西时间、路径,冷锋强度变化等天气尺度系统的变化,更要分析冷锋前中尺度天气系统的发生发展以及它们对应的空间物理量场结构等。

沙尘暴的短时预报:关键在于预报大风强度,瞬间大风在 22m/s(9 级)以上,就可同时预报强沙尘暴。

着眼于上游天气动向:

是否与沙尘暴多发区配合一致?

冷锋来临前本站气象要素是否有异常变化(升温、降压的幅度大大超过平均状况)?

冷锋前后气压梯度是否超过 5hPa/100km?

水平温度梯度是否大于10℃/100km？

冷锋移速是否超过60km/h?。

选取08时500hPa高度场51区（新疆）和52区（甘肃、青海北部及内蒙古西部）的若干个指标站的高度值，计算4组高度差及其和值，反映新疆到甘肃西北部的槽脊配置情况；

用冷槽前后24小时变高差和槽附近的24小时变温最小值，反映冷槽的强度发展及移动趋势；

用500hPa槽后冷中心的强度，500hPa和700hPa民勤与乌鲁木齐的温差，反映高空冷空气的强度及冷平流的强弱；

选用地面冷锋后的冷高压中心值和锋面前后的3小时变压差值，反映地面冷气团的强度及发展移动的方向；

选取武威站各时次气压和气温并计算其变量，反映本地及周围地区热低压的强度和发展变化情况。

预报规则：

规则1：08时地面图上有强冷锋进入河西走廊西部至内蒙古西北部一线，锋后51区为$+\Delta P_3$（3小时变压）区，锋前52区为$-\Delta P_3$区，并且最大正负变压的绝对值和≥10hPa；

规则2：08时500hPa图上高空冷槽主力已位于新疆东北部地区，槽后ΔH_{24}（24小时变高）≥10*d*gpm，槽前$\Delta H_{24}\leqslant -6$dgpm，并且槽附近冷中心强度≤−30℃；

规则3：500hPa和700hPa高空民勤与乌鲁木齐的温差分别≥12℃和≥5℃并且500hPa槽附近$\Delta T_{24}\leqslant -5$℃；

规则4：08时（或11时或14时）武威站ΔP_{24}（24小时变压）≤2.5hPa，$\Delta T_{24}\geqslant 1.0$℃，并且本站气压≤837.0hPa，气温≥18.0℃。

在前一天符合春季大风预报条件的前提下，且在前一旬内持续少雨、气候干燥的背景下，全部符合上述条件，则预报午后到夜间有黑风天气；符合其中3条，另1条基本符合，则预报午后到夜间有强沙尘暴天气；符合其中2条，另2条基本符合，则预报午后到夜间有一般沙尘暴天气。

陕西北部春季沙尘暴预报方案

分析发现,造成陕西北部沙尘暴天气的天气形势为:在 500hPa 上北支系统多为偏北气流或西风气流,高原上没有南风配合,水汽输送条件很差,故从低层到高层,湿度很小,地面上没有明显降水。

雷向杰等根据影响系统位置的不同,建立了三个预报关键区,并找了一些预报指标,当满足指标条件时,未来 36 小时内,陕北地区(主要是延安以北)可能出现沙尘暴天气。

(1)关键Ⅰ区范围为 40°～55°N,90°～110°E,其预报指标为:

①在关键Ⅰ区内有槽或横槽,并伴有大于 20m/s 的强风速区;

②500hPa 延安温度与关键区最低温度的差大于 14℃,即,$T_{延安}-T_{最小}$(关键区)大于 14℃;

③地面上,河套以北或河套西北部有锋面;

④地面上,呼和浩特(53463)、榆林(53646)、延安(53845)、银川(53614)、海流图(53336)等五站的平均温度露点差 $(T-T_d)$ 大于 13℃;

⑤500hPa 延安无南风或东南风,华北西部无小高压。

(2)关键Ⅱ区范围为 38°～50°N,85°～100°E,其预报指标为:

①在关键Ⅱ区内有槽或横槽,并伴有大于 20m/s 的强风速区;

②500hPa$T_{延安}-T_{最小}$(关键区)大于 16℃;

③500hPa 延安无南风或东南风,华北西部无小高压;

④地面上 35°～50°N,90°～105°E 区域内有冷锋;

⑤地面上,呼和浩特(53463)、榆林(53646)、延安(53845)、银川(53614)、海流图(53336)等五站的平均温度露点差 $(T-T_d)$ 大于 10℃。

(3)关键Ⅲ区范围为 35°～50°N,110°～125°E,其预报指标为:

①在关键Ⅲ区内有槽或横槽,区内或河套有大于 20m/s 的强风速气流;

②500hPa$T_{延安}-T_{最小}$(关键区)大于 13℃;

③500hPa 华北西部无小高压,延安无南风或东南风;

④地面上蒙古东部或东北到华北有气旋或低压,在气旋或低压内有冷锋;

⑤地面上,呼和浩特(53463)、榆林(53646)、延安(53845)、银川(53614)、海流图(53336)等五站中至少有 4 站的 ΔP_{24} 小于－10hPa。

数值预报

天气学方法预报沙尘暴，其优点是易于操作，但主观性强。现在数值预报技术日臻完善，国家气象中心、欧洲中期数值预报中心和美国等的数值预报产品可提供大尺度环流背景。利用数值预报产品给出的大尺度环流形势，再结合当地各种预报指标和统计学方法也可制作沙尘预报。

各种中尺度模式发展得也很快，对各种物理过程考虑得也比较周全，对一些中小尺度天气过程完全可以做到定量化的客观预报。

利用中尺度数值模式，在方程组中加入沙尘含量项，也是目前正在发展中的一种预报方法。怎样把传统的天气学方法同现代数值预报技术完美地结合起来，探索一种新的沙尘暴天气预报方法，乃是今后需要深入研究的一个关键课题。

起沙因子诊断分析预报

沙尘暴的产生主要是受三大因子支配：强风因子、热力动力不稳定因子和沙尘源因子。因此，在对沙尘暴进行预报时，也必须综合考虑这三个因子及其相互作用问题。

沙尘源因子是个地理条件问题，相对来说比较固定，主要由冷空气路径来决定，只要冷空气经过的下垫面有丰富的沙源，就要看另外两个因子的出现情况如何。所以预报的重点是强风和热力不稳定这两个因子。

对 1993 年 5 月 5 日沙尘暴的调查结果指出：沙尘暴前沿有一道高约 300～400m 的黑色沙尘壁。从用卫星观测到的沙尘暴顶的温度，求算得到沙尘暴影响高度大约在 1000～3200m 之间，而边界层的高度也就在 100～3000m 之间，因此，可以说沙尘暴也是一种边界层现象，这样就可以用描述边界层的一些特征量来对沙尘暴进行预报。

孙军根据沙尘暴产生的天气学概念模型,可以用起沙和扬沙两种机制来概括其产生,同时沙尘暴是冷空气在移动过程中出现的一种强烈锋生过程,并且沙尘暴产生的大气边界层是极其不稳定的(包括静力和动力不稳定),湍流发展旺盛。

起沙,说明边界层内必有较强的风速垂直切变存在(动力不稳定),并可用 $\frac{\partial V}{\partial t}$ 表示;扬沙说明边界层必然存在浮力上升运动(静力不稳定),并可用$\frac{\partial \theta}{\partial t}$ 表示。

再把垂直动量锋生(即风速垂直切变加大)和垂直温度锋生(即大气层结趋于更加不稳定)结合起来考虑,就形成一个判定行星边界层稳定和不稳定的一个重要参数,即梯度Richardson数 Ri。

Ri 定义如下:

$$Ri = \frac{\frac{g}{\theta_v}\frac{\partial \theta_v}{\partial z}}{\left(\frac{\partial u}{\partial z}\right)^2 + \left(\frac{\partial v}{\partial z}\right)^2} \tag{5.7}$$

式中 $\theta_v = (1 + 0.0608q)\theta$ 为虚位温。为了便于模式计算,分别用 $\frac{\Delta\theta_v}{\Delta z}$ 近似$\frac{\partial \theta_v}{\partial z}$,用$\frac{\Delta u}{\Delta z}$ 去近似$\frac{\partial u}{\partial z}$,那么就能确定一个叫做总体 Richardson 数 Ri_b 的新比值:

$$Ri_b = \frac{g\Delta\theta_v\Delta z}{\theta_v[(\Delta u)^2 + (\Delta v)^2]} \tag{5.8}$$

上式应用到模式最低层,有:

$$Ri_b = \frac{gz_a(\theta_{va} - \theta_{vg})}{\theta_a V^2} \tag{5.9}$$

其中$V = (V_a^2 + V_b^2)^{1/2}$,$V_a$是模式最低位面 z_a 上的风速,V_b是一个对流速度,并由下式确定

$$V_b = 2(\theta_g - \theta_a)^{1/2} \tag{5.10}$$

θ_a 和 θ_g 分别为 z_a 和地面上的位温,θ_{va}、θ_{vg} 分别为 z_a 和地面上的虚

位温。

负 Richardson 数表示的是静力和动力不稳定气流，这种气流肯定有湍流发生，此种情况最有利于沙尘暴的产生，更具体一点说，就是最有利于沙尘上扬到高空。

另外，综合考虑和边界层状况有关的另一因子 $\frac{h}{L}$(h 为边界层高度，L 为 Monin-Obukhov 长度）的绝对值大小，以此来反映整个边界层的稳定度状况。

$Ri_b < 0$，且 $\left|\frac{h}{L}\right| < 1.5$ 的情况即为强迫对流不稳定；

$Ri_b > 0$，且 $\left|\frac{h}{L}\right| \geqslant 1.5$ 的情况即为自由对流不稳定。

并把前者定为情形 3，后者定为情形 4。

情形 1 和情形 2 为 $Ri_b > 0$ 时的大气状况，不利于沙尘暴的产生，在此不予考虑。

显然，最有利于沙尘暴产生的为情形 4，因为它最有利于扬沙。这样，影响沙尘暴产生的热力和动力不稳定因子便由此确定。在此种不稳定条件具备的前提下，沙尘暴的产生还要考虑风速大小的问题，即起沙问题，很显然，起沙要有一定的临界风速，经实验表明，沙物质起动的风速是不同的，由于戈壁表层被 5～15cm 厚的砾石层所覆盖，因而其起沙风速较之流沙要大。

如在酒泉所采集的洪积戈壁试样起沙风速为 10m/s，而在敦煌东 40km 处采集的洪积戈壁试样起沙风速为 7m/s，而流沙试样 6m/s 即可起沙。

Westphal 认为起沙不仅与近地面风速有关，还与边界层的稳定性有关。因此，从起沙风速这一角度再把稳定度因子考虑进来，采用摩擦速度代替临界风速应更合理些，因为摩擦速度表示的是雷诺应力（水平动量的垂直输送）的大小，是表示近地层大气湍流的一个主要特征量，具有速度的量级。

用摩擦速度对沙尘暴的行为进行描述比较合适，其一般表达式为：

$$u_*^2 = \frac{|\tau_{雷诺}|}{\rho} = (\overline{u'w'^2} + \overline{v'w'^2})^{1/2}$$

用相似理论可推得

$$u_* = \max\left\{kV\left(\ln\frac{z_a}{z_0} - \Psi_m\right)^{-1}, u_{*0}\right\} \tag{5.11}$$

u_{*0} 是定义的一个背景值(地面取 0.1m/s,水面取 0m/s),V 同上,k 为 Karman 常数,取为 0.4,z_0 为粗糙度,Ψ_m 为无量纲动量稳定度参数,Ψ_m 的选取要根据边界层的状态而定。

在边界层过程中,湍流既可因浮力对流过程(热空气上升而形成的热泡)产生,也可由机械过程(即 Ri_b 的切变)产生。当浮力对流过程是主要的时候,则称边界层处于自由对流状态;当机械过程是主要时,则称边界层处于强迫对流状态。对沙尘暴过程而言,两种状态都是主要的。

当强迫对流不稳定相对主要时,Ψ_m 取为 0;

当自由对流不稳定相对主要时,采用如下参数化形式:

$$\Psi_m = -1.86\left(\frac{z_a}{L}\right) - 10.7\left(\frac{z_a}{L}\right)^2 - 0.249\left(\frac{z_a}{L}\right)^3 \tag{5.12}$$

式中$\frac{z_a}{L}$ 限定在该近似中不小于 -2.0,对$\frac{z_a}{L} = -2.0$ 时,$\Psi_m = 1.43$。

通常,$\frac{z_a}{L}$ 是 Ψ_m 的函数,而且上式是一个要作迭代求解的方程。

为了节约机时,可把$\frac{z_a}{L}$ 作为如下 Ri_b 的函数,即:

$$\frac{z_a}{L} = Ri_b \ln\frac{z_a}{z_0} \tag{5.13}$$

该方案可确保对所有 Ri_b 值的连续性。摩擦速度 u_* 的计算公式中的风速 V 即包含了边界层底层的水平风速又包括了不稳定情形产生的对流速度,因此用它可以很好地反映产生沙尘暴的强风因子。

u_* 和 Ri_b。把起沙和扬沙两种机制都概括了进来，因此，用 u_* 和 Ri_b 来对沙尘暴进行预报具有明确的物理意义。

通过用沙尘暴个例的模拟，发现爆发沙尘暴的几个地点无论在发生时间上还是在演变趋势上都与不稳定区及摩擦速度的大值区相一致。

因此，上述介绍的方法在沙尘暴业务预报工作中具有推广的价值。

集成预报

通过对产生强沙尘暴天气三大因子的实时诊断，从强冷空气、热力不稳定和近地层环境分析入手，依据沙尘暴天气预报的着眼点，在较全面地对产生强沙尘暴天气的三维空间物理结构和动力过程所进行的动力过程相似检验前提下，通过选入有明确天气学意义、并对沙尘暴有实际预报能力的综合指标和组合模型，在天气系统自动识别技术的支持下，应用多种方案确定强沙尘暴落区，建立自动、客观化的沙尘暴天气监测和预报系统。

为简化系统流程和最大限度降低空报率，系统首先进行排空处理：

①当各个预报关键区内均无影响系统及指标诊断条件不满足时，系统排空；

②经过用历史强沙尘暴个例中的大量物理量场多次过滤、反复验证的相似过滤流程，基本确定实况场是否具备产生中尺度干飑线的基本物理条件，其结果作为入型的基本标准；

③再依据强沙尘暴的预报着眼点，对形成强沙尘暴的基本条件，如强冷空气、高空引导急流、极度不稳定大气层结和低层环境条件等进行诊断分析，综合运用动力、热力参数综合模型制作区域强沙尘暴有无预报；

④最后利用数值预报产品确定强沙尘暴落区。

沙尘暴的预警系统

信息监测、接收、处理传输

天气雷达系统和卫星监测处理系统可以为沙尘暴天气预报提供新的概念模式,对提高短时预报精度将会起到重要作用。所有信息传输可以采取有线报路、VSAT 工作站,实行卫星通信传输。

黑风天气一经达到警戒标准,在规定时间内迅速通知各有关台站。

在布设天气雷达后,实现数字化拼图,提供规定时次和加密监测资料;积极引进技术,努力提高雷达资料的有效利用率。

天气警报网

就天气现象而言,西北天气相对于其他地区是比较单纯的,而就某一具体天气过程来说,如大风的产生以及大风的频次、移速、移向和造成的破坏力,就不那么简单了。所以在加强大风、沙尘暴等极端天气现象的监测、预报能力的同时,有必要重视处于灾害性天气危险区域内的设防,增强防御自然灾害的能力。

鉴于目前对大风、沙尘暴自然灾害天气的预报水平与实况过程确有差距,更有必要加快和完善天气警报系统的建设。只要在西北大风区域和沙尘暴多发易发区段形成警报网络,制定出相应行之有效的防御方案,完善良好的运行机制,减轻大风、沙尘暴灾害损失是完全可能的。减轻大风、沙尘暴灾害要以防为主,重点是改善生态环境。

黑风天气不仅是西北地区重大灾害性天气,其影响也可达华北、东北地区。因此,黑风天气的监测应分三个层次进行组织管理,即国家气象中心向区域气象中心提供沙尘暴(黑风)天气的监测公报及宏观指导;区域中心结合黑风监视实况和预报,组织联报联防;

省区气象局根据本省区天气特点，开展对黑风天气的预警服务。

沙尘暴天气的预报、警报系统的业务流程

(1)从中期预报、警报时效出发，以大尺度观测资料为依据，结合模式预报产品，进行客观分析、诊断分析和推理判断，首先确定天气系统的类型，进行 5～10 天的中期预报。

(2)在天气系统类型确定后，注意环流形势变化和要素反映，一经发现大风天气征兆，立即进行地面天气和中尺度加密跟踪监测，并对实况场作客观、诊断分析，根据中尺度业务试验数值预报模式，制作 12～96 小时短期预报，提供警戒形势报告。

(3)应用天气雷达、气象卫星接收处理系统和中尺度天气监测网，严密监视已出现的大风加速区域的变化，继续进行大风实况场分析和中尺度模式运行，并通过计算机网络调用沙尘暴中尺度天气有关资料和历史个例档案，进行 3～12 小时的短时预报，对外发布天气警报。

(4)强风区逼近沙尘暴易发关键区时，根据监测到的准确数据(风力强度、移向等)，进行实况场详细分析、诊断，制作 0～3 小时临近预报，对外发布沙尘暴天气紧急警报。

(5)发挥沙尘暴短时天气预报工作站的作用：

①中尺度天气资料处理。建立中尺度天气实时资料库和中尺度天气个例历史资料库，以提高批作业定时方式对监测资料进行加工处理的速度和能力。

②预警方案。根据沙尘暴天气气候统计资料，普查其天气背景场，结合多种气象要素、参数资料，建立起从中期、短期到短时时效内的预警方案；也可以采用人工智能推理技术建立预警预报方案。

③图形图像处理及显示。实时、非实时资料经处理后能够形成各类客观分析、诊断分析图形和天气雷达、卫星云图图像产品，对环流形势、动力和热力结构、能量分布等进行直观的立体描述。

图 5.3 所示为 0～12 小时短时预报的流程图。

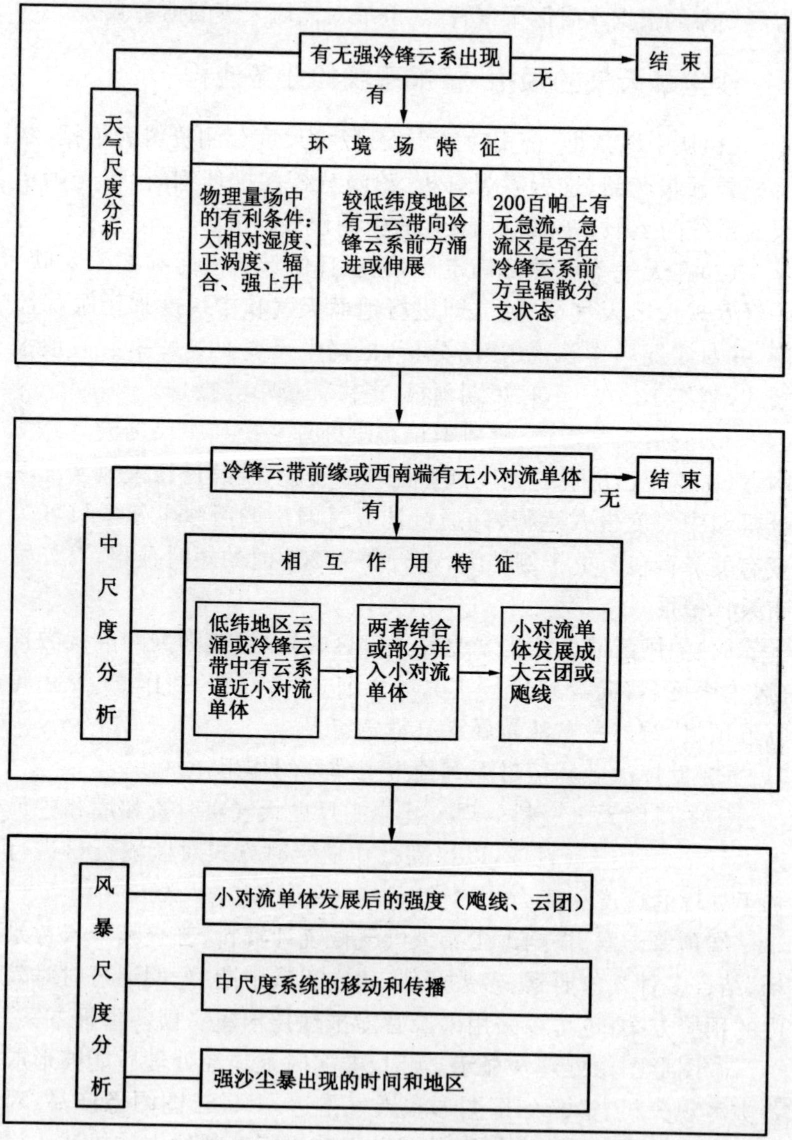

图 5.3　0～12 小时短时预报流程图

第六章

沙尘暴的防治

有史以来人们就在自然灾害的威胁下生活。对历史遗留下来的诸多沙漠、戈壁的完全治理，目前还暂不可能，但是通过保护沙生植被，防治荒漠化扩展，逐步治理、绿化荒漠，科学经营、管护干旱、半干旱地区的国土资源，改善和恢复干旱荒漠区生态环境，提高其抗灾和生态调节能力，削减风沙天气的发生频数和强度，减少灾害损失，在现有的科学技术和国力条件下则是完全可行的。实践证明，只要人类掌握了自然灾害的发生、演变规律和防灾减灾对策，建立、健全防灾减灾体系，就能够把各种灾害的损失降至最低限度，其效益是巨大的。就半荒漠和荒漠地区来说，自然条件特别恶劣，无论我国或其他国家乃至全人类，不仅当前，即使若干世纪以后，也难以设想完全治理作为沙尘暴发生源区的广袤旱海大漠，同时也不能改变形成荒漠和沙尘暴的大气环境条件。正因为如此，人类要想控制这种大范围的突发性灾害天气，是不可能的。但是，我国的实践经验和研究证明，人类现有的科学技术可以预防或减轻沙尘暴或强沙尘暴对荒漠绿洲及其以外地区的危害。

沙尘暴防治途径

沙尘暴,特别是当其发展成为黑风暴时,便成为一种危害极大的灾害性天气,给当地人民生命财产和工农业生产造成严重危害,并大大加速了相关地区的荒漠化进程。虽然我们现在还没有能力完全控制沙尘暴的发生发展,但只要我们深入研究,搞清其发生发展的客观规律,恰当地运用现代科学技术及广大科技工作者和劳动人民丰富的抵御和防治沙尘暴的宝贵实践经验,减轻沙尘暴特别是黑风暴所造成的损失是完全有可能的。为此,应该坚持以防为主,开发与治理并重,促进生态环境的恢复和全面建设。

防御沙尘暴的长远对策,应从总体上提高自然生态系统防灾、抗灾和减灾的能力,其根本目的是改善生态环境,尽可能减少或控制黑风暴和沙尘暴的沙尘源。显然,这必须人为改变北方地区的荒漠和半荒漠下垫面现状以及恶劣的生态环境。其具体措施包括:加速建设人工植被和天然植被;在新、老绿洲周围和内部,加速建设完整的窄林带、小网格林网;竭力保护沙漠和戈壁、荒漠四周的乔木、灌木植被和灌丛沙堆,以期保护植物种群和脆弱的生态平衡,进而缩小沙源和尘源;依靠高科技,推进生态与经济的协调发展,合理地解决经济发展与环境保护的关系问题,保护脆弱生态系统,减少黑风暴灾害。

干旱与半干旱地带生态环境脆弱,任何对资源与环境的不合理开发都会导致平衡失调,使环境恶化。目前,土地承载力过重;工、农、牧业争水,上下游争水矛盾突出;过度放牧、樵柴、开垦、筑路、开矿、乱挖中药材等野生植物对环境破坏严重。对已经沙化的区域,要保护好现有植被,严禁乱砍滥伐,乱采滥挖和乱垦滥牧。要坚持保重于治,以保为主,以治促保。改变草场无主,使用无偿,建设无责的状况。必须保证在不破坏现有绿色植被情况下,封育、恢复原有植被,重新种植新的植被。另外,在造林种草模式上,采取以防沙阻沙为主的灌木片林方式，在沙化严重区，重点发展柠条、沙棘等灌木林片；在保护农田方面采取乔灌结合，按适地适树原则，营造农田林网，如速生杨林、柠条等；在发展草业上，采取草灌乔共生方式。林草混播，发展多年生牧草和杨、榆林；在提高林网效益方面，采取经济园林模式，在条件相对好的地块上，营造果品基地，如大果沙棘、欧李、柠条、寒地小苹果等。总之，要立足于人与自然和谐相处的生态环境建设。

预警、联防网

随着经济的发展和社会的进步，人们对天气气候的依赖和对未来天气气候环境的预测需求越来越迫切。根据我国的发展战略，21 世纪开发西部将是重要的组成部分，随着西部经济实力的增强，同样强度的一次强沙尘暴天气带来的经济损失绝对值将会大大增加，同时，它的频繁发生也极大地影响了我国西部多民族地区的社会安定。统计表明，在我国气象灾害的损失约占整个自然灾害造成损失的 70%左右；另一方面通过气象预报、特别是灾害性天气的预报警报服务和各种有效的防灾减灾措施可以避免的损失也就越大。

根据我国气象部门的领导和专家估算，20 世纪 80 年代初，国家给气象事业的投资与气象服务所取得的经济效益比是 1∶19～1∶20；90 年代初接近 1∶40，经济发达地区甚至可高达 1∶100 以上，随着经济的不断发展，其比率还将会越来越高。社会的发展、经济的增长已使人们有能力组织实施防灾减灾和趋利避害。

目前人类还无法控制大气条件，对全球天气变化趋势的把握需较长时间的科学积累和能力建设，而大面积恢复林草植被也需要较长时间的努力。但是加强北方地区沙尘天气监测预警系统建设，加强对沙尘暴形成条件、机理、变化规律等方面的研究，已迫在眉睫，势在必行，这将对于减轻沙尘暴天气所造成的危害有十分重要的作用。因此，目前需要做的事情是，建立和完善沙尘天气的动态监测、预警系统，作好防灾、减灾科学研究，利用现代科学技术提高效益。

北方地区沙尘暴天气监测、预警系统，应用气象卫星、雷达、探空、自动气象站等多种手段对沙尘暴的形成、发展和传播进行跟踪监测，将传统的天气学方法和现代数值预报方法相结合，已初步形成了实时的沙尘暴监测、预警和服务系统。

我国在沙尘暴天气形成机理、运动规律、监测预报和对环境气候影响领域已经做了许多工作，取得了一些成果，但对沙尘暴成灾规律、生态环境改良效益评估及沙尘暴的防灾、减灾技术和整治对策领域深入细致的分析研究不够。要开展这方面的工作，首先要强调地球科学、环境科学的有机综合，从地球各圈层相互作用过程来揭示强沙尘暴运动规律和成灾机理，加强人口、资源、环境、灾害之间相互反馈的关系研究，通过土地荒漠化与强沙尘暴间的相互耦合关系以及风暴时空特征，分层次地摸清极端气候条件下生态环境的改良对强沙尘暴天气防灾减灾的生态调节功能，突破传统、被动的气象灾害“预测——救灾”体制，初步形成更适合现代社会经济可持续发展的高效、动态的“生态治理——灾害控制”的调控体系。

在短期内，首先应当逐步建立并完善地面观测、高空观测、沙尘暴预报、天气雷达、气象卫星、全天候通讯网等六个子系统组成的沙尘暴监测预警系统。前三个子系统组成常规预报；天气雷达和气象卫星则除了作为特殊手段，参与预报外，还将应用于沙尘暴发生发展实况的监测，从而补充常规预报的疏漏；能够在风沙天气强干扰下把信噪比提高到足够程度的无线通讯网的建设也是非常重要的。经验表明，当上游已经监测到沙尘暴生成后，火速向下游传递有关情报，哪怕是半小时后沙尘暴到达的信息都是极其珍贵的。能同时向村庄和居民群落直通播报的不受大风影响的有线通讯建设也是极为重要的。1993 年 5 月 5 日沙尘暴以来，已经在沙尘暴的多发区进行了广泛的科普性宣传。广大群众也已经知道了防御沙尘暴的措施，在上述监测预警系统的实施和保障之下，只要能有几十分钟的时间提前量，定能在很大程度上减少人民生命和财产的损失。这是短期内减轻沙尘暴灾害的一条重要途径。

加强全民宣传教育，提高应急保护能力

沙尘暴天气对人民群众的财产危害是直接的，对生命的危害是间接的。1993 年 5 月 5 日特大沙尘暴天气爆发时，在强劲大风裹挟下，造成人员失足于渠道中溺死，遇难者主要是放学归途中的中小学生和野外劳作的农民。因而，除进行防护体系“硬件”工程建设外，还要进行自我防护意识“软件”工程建设。

由于沙尘暴特别是黑风暴来势凶猛，狂风呼啸，沙尘滚滚，天昏地暗，极为恐怖，在惊慌失措中造成人员伤亡和生命财产损失。

大力普及防灾知识，提高群众防灾意识，调动群众造林治沙和保护植被的主动性，增强在沙尘暴天气过程中的自我防御能力，是非常必要的。1993 年 5 月 5 日沙尘暴伤亡人员多，有通讯设施不健全和预报通知不到位的问题，更为主要的原因是群众没有自我防御的知识和能力所致。

强沙尘暴的防灾减灾措施应主要集中在防风、防尘、防冻和防水土流失，以及预防在强风速、低能见度下的人畜伤亡这几个主要方面。对强沙尘暴天气受灾最重的农林、畜牧、电力、交通等部门首先应结合本部门的行业特点，制定长远性、中近期、应急性的防灾减灾方案，建立完善的防灾减灾自我保障体系。

要通过加强科技教育和法制教育，在科学研究、技术开发、人才培养、职业教育等方面，把生态环境的保护治理、自然资源的开发利用等纳入科技教育和法制教育的内容，逐步唤醒公众的忧患意识；加强全民伦理、道德和法制观念，增强全社会对自然灾害的防护意识，以防为主，防治结合，最大限度控制住沙漠化土地扩展势头。

采取有效措施、防风固沙

大风和不稳定的大气层结状态是沙尘暴形成的气象条件，丰富的地表沙尘是沙尘暴形成的基本物质条件。人类对于遏制大风或空气不稳定状态方面，迄今还是无能为力。

至于地表沙尘物质，除了人类活动产生的人工堆积物，如各种矿山矿场的挖产物外，沙漠、戈壁、裸露地表等是主要的沙尘源。因此，沙尘暴灾害的防治，可着眼于遏制沙尘环境源，减弱大风风速。

在沙漠等沙尘源的周边地带，采用林业、农业、生物等工程和技术措施，其中包括用人工栽植植物固沙、飞播植物种子固沙、营造防护农田林网等措施，以逐步限制流动沙丘，增加沙丘植被，最终把固沙改沙推向沙漠纵深，以最大程度地遏制沙尘暴的沙尘源，从而减弱沙尘暴的强度，并减轻沙尘暴的灾害。

沙尘暴的预防措施

实践证明，植树、种草、增加植被等生态工程是降低沙尘暴发生频率、减少其危害的最佳途径。根据我国北方，特别是西北的实际情况，实施以下具体措施：

①荒漠与绿洲边缘封沙育草育林，保护天然沙生植被，如20世纪80年代以来进行的"三北"防护林体系工程建设等；

②封育和保护天然荒漠林，遏制沙尘暴的发生发展；

③营造绿洲周边防风阻沙林带，控制和减弱沙尘暴特别是黑风暴对绿洲的危害；

④采用工程技术措施，固定绿洲边缘地区的流动沙丘；

⑤营造绿洲及其边缘地区的护田林网，既可以防止或减轻沙质耕地的风蚀起沙和沙尘暴对农田的危害，又能改善田间的局部小气候；

⑥应用科学合理的农业耕作技术，防止或减轻风蚀沙埋危害，如采取翻土改沙，采用免耕法，以及合理选择和配置农作物等，增强抗风蚀性。

以上的防治途径综合起来实际上是从治理生态环境入手，改造局部大气环流的下垫面条件，同时增加地面粗糙度，以削弱大风风速，从而达到固沙防风的目的。这是一个极为重要的长期的战略性措施。

我国西北地区绿洲周围、河谷、沙漠、戈壁、低洼地和山前洪水过境地段以及一些巨大的盆地(如新疆塔里木盆地的河流两边、准噶尔盆地和青海柴达木盆地)，残存有天然的乔木植被和灌丛植被。这些地方的水土条件较好，天然植物有的可以自然下种，有的可以靠根系进行繁殖，即使一度遭受人为破坏，一经封育管护，特别是在绿洲灌溉的影响下，经过3～5年之后，植被覆盖度可恢复到40%～50%以上。

封育的天然植被，一是可以降低风速，二是能够就地固定流沙，三是可以阻截近地面的沙尘。据观测，封沙育草区如果植被覆盖度达到30%～50%，可使近地面风速削弱50%，阻截杜绝大部分流沙。

封育的天然植被区，通过落尘和植物枯枝落叶的作用，沙地表面逐渐形成一层结皮，日益变得紧密结实，抗风蚀能力能够大大增强。近年来，采取在沙丘间低地造林，直接在流动沙丘上栽植固沙植物以及在人工沙障防护下栽植固沙植物和飞播植物固沙等措施，有效地防止了沙漠化扩展速度的加快，使部分流动沙丘初步变为固定沙丘。

实践证明，如果沙源在耕地以外，耕地易遭受流沙埋压和风沙的袭击，那么在治理上主要是保护和封育天然沙生植被，营造防风固沙阻沙林带。必要时采取临时工程技术措施，利用当地材料建造沙障或压沙以固定、控制和阻截风沙。如果耕地本身受风蚀而就地起沙，则防治办法主要在于营造护田林网，以削弱近地面风力；无论护田林网形成与否，特别是开垦的绿洲和新开垦的沙地，必须因时、因地选择符合当地条件的措施，合理种植抗蚀作物和各种林草，以减轻风沙危害。

沙尘暴的治理经验

我国西北治沙的一个显著特色,就是首先在沙漠、戈壁与绿洲接壤地带,大力营造大型防沙林带,以防止流沙侵入绿洲。目前,老绿洲防沙林带还有不少缺口,扩建或新开垦的绿洲全处在黑风暴侵袭之下。怎样补造或新建大型防沙林带?各地的实践经验主要有:

①根据“因地制宜,因害设防”的原则,防沙林带应由成片林块状林错综分布构成,不必强求整齐美观。以丘间造林为主,尽可能少占用耕地,也不要远离绿洲,要不然会因水土条件差,引水灌溉困难,或地下水位深,植树不易成活,成林更困难。

②营造防沙林时,要由近及远,先易后难。先在农田与沙漠、戈壁连接地段进行造林,然后再向沙丘里面深入。在丘间低地造林、分隔包围沙丘。

③防沙林带应该由乔木和灌木组成,以乔、灌隔行栽植为宜,在迎风一侧可多栽灌木,以阻截、固定流沙。

④在大面积流沙侵入绿洲的前沿地带,由于沙丘与丘间低地相间分布,风沙活动强烈,农业利用暂有困难,就全部用来营造大型防沙林带,林带宽度大的800～900m、小的200～300m。流沙迫近绿洲,前沿沙丘排列整齐,可贴近绿洲边线造林,林带宽度为50～100m,以后逐渐向沙丘区里面深入进行固沙造林。农田与半固定、固定沙丘接壤处,防沙林带宽度30～50m。

⑤在绿洲与戈壁连接的地带,如果是固定、半固定的缓起伏沙地,沙源较少,在耕地边上营造防沙林带,宽度以20m～30m为宜。营造防沙林带应与封沙育草相结合。造林灌水时可适当引水灌沙,促进天然植被繁生,有利于形成乔木、灌木、草本植物相结合的防沙、阻沙、固沙的防护带。

绿洲的护田林网不仅可以防止或减轻风沙和黑风暴对农田的危害,而且还能改善田间小气候。因此,我国西北地区把营造护田林网作为保证农业稳产高产的一项重要措施。以河西走廊为例,那里的绿洲大部分已实现了林网化,保护的灌溉农田达$31.33\times10^4hm^2$,约占有效灌溉面积的58.2%。

护田林网成带状体系,削弱狂风和黑风暴的效益尤为显著。据观测,在旷野近地面风速17m/s以上的8级大风下,第一林带网格内的平均风速下降37.3%,第二网格内下降39.1%,第三网格内下降41.5%。

合理利用草场,防止草原、草地沙化

1977年召开的联合国沙漠化大会认为,在大多数情况下,极限气候条件导致了沙漠化,而气候变化本身则不是问题的根源。已经证明,其主要原因是,在生态平衡已经非常敏感的情况下仍过度使用土地(农业或牧业),另一个原因是由于在土地草场利用方面缺乏全面的规划。

因此,加强植被保护、草场管理和土地合理使用,是目前急需解决的问题。

一味地认为游牧制度不好也不对。因为这是一种有几千年历史的传统作业方式,是一种既养肥了牲畜又保全了草场的符合生态学原则、可持续性利用自然资源的合理方法。游牧是基于植被、水源、矿物质等自然资源在特定的时间、空间分布条件下,牲畜饲养、繁衍的一种手段,迎合和适应着反复出现的不稳定性。哪里水草丰美,就到哪里去。哪里的生活、生长条件不好,就及时地离开哪里。正因为游移的机动性在处理环境、资源、利用之间的关系上,是处于动态之中,时刻维持着平衡,因而在一定条件下,在长期的实践活动中,发挥着良好的生态效应。往昔的牧道上,植被状况优于其他地方。

除了土壤和积水条件外,过往的牲畜对植被有促壮的作用。牲畜,特别是有蹄类的适度践踏,可以在干旱季节破坏土壤表层的硬壳结皮,疏松土壤表层,改善土壤的通气性。践踏有助于植物种子埋入土层,起到播种覆土的作用。适度的采食嫩枝叶片,清除掉过多的生物量,使植物稀疏、灌丛不再稠密,有利于加速二氧化碳的固定和减缓蒸腾强度。牲畜是消费者,是生态系统中的一个构成环节,它们的排便是一种营养物的回归,有利于植物生长所需大量元素和微量元素的丰富,还有助于枯枝落叶层的形成。

在自然条件下,任何一种类型的植被群落中,动物和植物以及与微生物的关系,都是生态食物链条的关系,是相互依存、互利互惠的和谐共生关系。游牧是一种廉价的利用自然资源的形式，最重要的投入就是放牧劳作。如果是自己的畜群，就不需金钱的支出。在新的条件下，当人们不适当地根据自身的需要成倍地扩大了牲畜的数量，超出了植被的天然生长和恢复能力，就出现了高于草场承载能力的超载放牧问题。

一般认为，温带的优良草场一头牛只需 0.4～0.5km^2 草场。但在萨赫勒及我国北方干旱区很少有那样的产草地。据研究，体重 100kg，平均每天需干物质 2.5kg。因而，一年中需要 2.5kg×360 天＝912.5kg。一般牲畜最多啃食草场的 50%，则 1hm^2 的草场上要养活一头 100kg 的牲畜应该具有产草 912.5×2＝1825kg 的能力。

所以，这种高产草量的草原必须要有良好的植物生长条件，或需要人工加以维护，否则是很难维持生态平衡和正常的载畜量的。在正常情况下，一头大牲畜需要 6～10hm^2 的草场。

生态环境恶化会导致沙尘暴多发已经成为人们的共识，今年我国专家通过卫星云图、沙尘样本分析和实地调查发现，沙尘含量最高的地区并不是沙漠，而是内蒙古、甘肃等地的退化草场、撂荒耕地以及旱地农田。

这说明，改善生态环境，阻止荒漠化，就是从根源上减少了沙尘暴发生的可能性。

为了实施西部大开发战略，加快中西部地区发展，从 2000 年起，国家在西部地区实施“十大工程”，其中之一是中西部退耕还林还草和生态环境建设。从 2000 年起，在长江上游的云南、四川和黄河上中游地区的陕西、甘肃等 13 个省区开展退耕还林还草试点工程建设，计划退耕 $3.43\times10^5hm^2$，同时安排宜林荒山荒地人工造林种草 $4.32\times10^5hm^2$。这对遏制大范围沙尘暴的发生发展及危害将起重要作用。

合理利用水资源,维持生态平衡

人为对水资源的不合理利用,导致河流断流,地下水位下降、湖泊面积缩小与干涸,土地沙漠化发生发展。内陆河下游缺水、断流导致土地沙漠化。塔里木河、黑河沿岸随着中上游农业开发,大量用水,下游地区逐年缺水,甚至断流,植被死亡,沙漠化土地发生发展。塔里木河1958～1978年,胡杨林面积从$5.4\times10^4hm^2$减少到$1.64\times10^4hm^2$,下游的5个农垦团场弃耕,撂荒的约$8600hm^2$耕地中,已有$2000hm^2$被风沙和沙丘埋压,尤其1972年大西海子水库的修建,导致阿拉善以南河段水量显著减少,地下水下降,已从20世纪50年代的3～5m,下降到80年代8～108m。

黑河下游,尤其西河地区及东河外侧边缘。沙枣、红柳、胡杨大量死亡,沙漠化发生发展,1985年正义峡年径流仅$7.9\times10^8m^3$,已无河水供给下游,索果诺尔于1986年8月干枯,地下水下降,自20世纪50年代以来,西河地区建国营北部地下水下降2～9m。

疏勒河流域,也同样如此,由于水库截水,河道水流减少,河床地下水下降,植被死亡,在安西东侧形成大面积新月形沙丘,危害引水渠道及县城。

地下水过度开采,导致地下水位持续下降,沙漠化发生发展。民勤县位于石羊河下游,一方面由于上中游大量利用水资源,民勤县来水量减少,另一方面大量开采地下水补充水循环,导致地下水下降,大量植物死亡。20世纪50年代进入民勤水量为$5.73\times10^8m^3$,60年代中期$4.45\times10^8m^3$,70年代$3.22\times10^8m^3$,地下水资源也同样如此,20世纪50年代$1.58\times10^{10}m^3$,60年代$1.2013\times10^9m^3$,70年代$9.76\times10^8m^3$。

水分的变化,引起地面沙尘物质含水率的变化,含水率的变化,影响地面干燥程度,干燥程度又与风蚀密切相关。原因是土壤中有较多水分存在的条件下,水分子与土壤颗粒之间的拉张力增加了颗粒间的内聚力,导致土壤抗风能力的增加,具体表现在土壤含水率越大,土壤颗粒的起动风速愈大,土壤抵抗风蚀的能力愈强。

表 6.1 所示为不同风速下风蚀率与土壤含水量的关系(杨根生,2002)。

表 6.1 不同风速下风蚀率与土壤含水量的关系

土壤含水率(%)	不同风速条件下的风蚀率(g/min)			
	10m/s	15m/s	20m/s	25m/s
2.67	73.04	761.96	1582.23	2480.00
4.14	66.19	210.86	881.32	1568.69
5.20	24.72	145.82	239.42	390.59
5.69	12.94	81.86	172.26	280.42
6.20	0.10	52.03	107.03	244.04
7.13	0.00	27.79	53.53	158.47
7.87	0.00	10.45	47.06	133.92
8.18	0.00	8.76	42.65	90.26
9.52	0.00	5.01	22.83	50.06

就风沙土而言,在土壤风蚀随含水率变化过程中,随含水率的增大,风蚀率缓慢地减小。当含水率增大到一定程度时,较小的土壤水分增量会引起土壤风蚀率较大幅度的减少。而后风蚀率随含水率增加而减少的过程又趋平缓。胡孟春(1991)认为沙土含水量2%是转折点,当含水量<2%时抗风蚀能力变化大,当>2%时抗风蚀能力变化趋于稳定。当沙土含水量达到饱和持水量 4.73%时,抗风蚀极限风速稳定在 14m/s 左右,即可抗御 6~7 级大风。

因此,我国北方地区水资源匮乏,是导致沙漠化及沙尘灾害频频发生的重要原因之一。应根据上、中、下游统筹兼顾的原则,地表水、地下水利用统一管理,合理分配用水的比例,实施以水为中心灌溉绿洲的区域性总体布局和合理的结构调整。建立高效、稳定的流域人工生态系统。

工程技术措施

几十年来我国在荒漠化防治实践中取得了100多项成熟技术和治理模式，对我国防沙治沙工程建设起到了巨大的推动作用，在国内外产生了积极的影响，引起了广泛的关注，为荒漠化防治奠定了坚实的基础。

植物固沙技术

植物固沙是控制和固定流沙最根本且经济有效的措施。它不仅能长久固定流沙，而且还能够为沙区提供燃料和饲料，同时又可以恢复和改善生态环境。经过几十年来的不懈探索，我国在植物防沙治沙技术方面已经取得了长足的进展，如干旱、半干旱地区人工造林技术，从树种选择、配置到营林技术等问题都已基本解决，又如适合于干旱、半干旱地区的径流造林技术、适合于半湿润半干旱地区的两行一带式林带配置技术、适合于干旱极端干旱区的窄带多带式绿洲防护林网技术等都是应用广泛、效果明显的植物固沙技术措施。

飞播造林种草技术是广泛应用于半湿润干旱地区的一种重要的人工造林种草技术。目前我国在飞播造林种草方面已积累了丰富的经验，初步形成了一个比较完整的技术体系。“八五”期间，我国沙区飞播造林种草面积达$31.3\times10^4hm^2$，取得了良好的效益。

封沙育林育草技术是我国广泛应用的在人工辅助下恢复天然植被的一项主要技术措施，“八五”期间全国防沙治沙工程封沙育林育草面积$121.6\times10^4hm^2$，取得了非常好的效果。

甘肃省敦煌县荒漠经过封育，植被恢复很快，生态环境明显好转，原先由于生态环境恶化，被迫迁往他乡的群众又重新迁回原址。

实践表明，我国植物固沙技术已经相当成熟，应当大力推广，应用于我国防治荒漠化工程建设，发挥其防风固沙效益。

工程固沙技术

工程固沙技术是指利用柴草、粘土、树枝、板条、卵石及其它材料，在沙面上设置沙障或覆盖沙面，或采用各种阻沙、导风措施，将上风向来沙阻挡在远离防护区的地段，或将风沙流导向防护区的下风向等技术措施。

工程防治措施具有收效快的特点，因此通常适用于流沙严重危害的交通线、重要工矿基地等地区，并常与植物治沙措施相配合。

工程防治措施主要有三种：

一是采用各种材料将流沙表面全部覆盖，使沙质地面与风的作用完全隔绝，广泛使用的材料有作物秸秆、砂砾石、粘土等；

二是在流沙上设置机械沙障，以降低地表风速，削弱风沙活动。目前多采用半隐蔽式草方格沙障及砾石沙障、粘土沙障等。其中草方格沙障在我国北方各沙区应用最广，是固定流沙、稳定沙面最经济有效的工程固沙措施。草方格沙障不仅能起到固沙作用，而且可以保护栽植播种的固沙植物免受风蚀和沙埋，同时还可改善沙地水分状况，有利于植物的成活和生长；

三是采用各种阻沙、导风措施，将上风向来沙阻挡在远离防护区的地段，或将风沙流疏导至保护区的下风向区域，以防止积沙。通常采用阻沙栅栏、阻沙网、挡沙墙、下导风板和羽毛排导风板等设施。阻沙措施一般用于沙源丰富地区和戈壁风沙流盛行地区，作为保护机械固沙带和植物固沙带的外围屏障。

40 多年来，包兰铁路中卫段畅通无阻的事实及塔里木盆地沙漠公路的安全运营，表明我国的工程固沙技术是相当成熟过硬的，对防护沙漠地带铁路、公路的风沙灾害，保证交通运输的正常运营起到了良好的作用。

化学固沙技术

化学固沙是在流动沙地上通过喷洒化学胶结物质，使其在沙地表面形成一层有一定强度的防护壳，隔开气流对沙面的直接作用，提高沙面抗风蚀性能，达到固定流沙的目的。

化学固沙收效快，但成本高，一般多用于风沙危害能造成重大经济损失的地区，如机场、铁路、公路等。

化学固沙常与植物固沙相配合，作为植物固沙的辅助性和过渡性措施。常用的材料有沥清乳液、高树脂石油和一些高分子聚合物，其中以沥清乳液应用最广。

化学固沙技术在塔里木沙漠公路防沙中使用面积达 $2\times10^4 m^2$，发挥了巨大的作用。

旱地节水技术

水资源匮乏是荒漠化地区土地综合整治与开发的主要制约因素之一。引进和开发节水技术，发展灌溉农业是我国荒漠化防治的重要措施。近年来，我国节水技术发展很快，在进行节水技术研究和开发的同时，也引进了许多国外的先进技术，取得了成功的经验，主要包括以下技术措施。

渠道防渗技术：渠道是我国农田灌溉的主要输水方式，但传统的土渠输水渗漏损失大，约占引水量的 50%～60%，一些土质较差的渠道渗漏损失高达 70%以上。渠道防渗一直是我国发展农业高效用水的主要技术措施。据测定，浆砌块石防渗较土渠减少渗漏损失 50%～60%；混凝土防渗较土渠减少渗漏损失 60%～70%；塑料薄膜防渗较土渠减少渗漏损失 70%～80%。

低压管道输水技术：利用低压管道代替土渠将水直接输送到田间灌溉作物，以减少水在输送过程中的渗漏和蒸发损失。低压管道输水可使渠系水利用系数提高到 0.9 以上，减少占地 2%～3%，并可以提高灌溉速度。一般地区采用渠道或管道输水技术可减少用水量20%～30%,增产10%～20%。

喷灌技术:与传统的地面灌溉技术相比,喷灌一般可减少灌溉定额30%～50%,增产20%～30%。在荒漠化地区,喷灌适合于大田作物,提高喷灌的自动化程度和在夜间灌溉,可以提高喷灌的应用范围。

微灌技术:包括滴灌、微喷灌、渗灌和涌泉灌等,与传统的地面灌溉相比可以减少灌溉定额50%～70%,增产20%～30%以上。目前我国主要应用于经济作物的灌溉上。

田间节水技术:在平田整地的基础上,实行畦田灌溉、波涌灌以及小畦灌溉技术,成本低,群众易掌握,节水效果显著,一般可减少灌溉定额20%～30%。

上述节水技术,特别是近年来已广泛在我国开始应用的喷灌、滴灌、微灌技术将使荒漠化地区水资源利用潜力更为广阔,为新的工程建设水资源高效利用提供技术保证。

退化土地综合治理开发技术

曾经担任过国际自然保护联盟主席的埃及沙漠学家卡萨斯教授说,“土地荒漠化是由三个主要因素造成的:没有传统休耕期的过度耕作、过度放牧和灌溉计划不周造成的土壤盐渍化。贫穷是荒漠化的一个因素,它迫使人们放弃传统的自然循环生产过程。”

世界环境与发展委员会主席、挪威前首相布伦特兰夫人认为:“使数百万非洲人丧生的饥荒,是二次世界大战以来最严重的灾害,非洲饥荒通常归因于干旱。而真正的原因却在于过去几十年中对土地使用不当、对森林的大量砍伐及错误的农业政策。”

沙尘暴是一种制造贫瘠土地、使沃土变为不毛之地的过程显现;沙尘暴过程中土壤微粒的吹扬、搬运、丢失,是一种土地生产潜力的丧失;沙尘暴是土地沙漠化在不同土地利用方式中通常共有的最严重的灾害;沙尘暴过后留给人们的后果,有的需要经过长期的努力才能恢复,也有不能逆转的情况。

我国在防治荒漠化危害的基础上,对荒漠化土地进行了适度的开发利用,取得了巨大的收获,形成和完善了许多农牧业开发技术。

在农业上,主要有引水拉沙造田技术、老绿洲农田改造技术、沙地衬膜水稻栽培技术、盐碱化土地改良技术及日光温室栽培与养殖技术、地膜覆盖栽培技术和无土栽培技术等。

在牧业上,主要有合理轮牧技术、以草定畜技术、草场改良技术和温室养殖技术等。

农牧综合技术主要有"小生物经济圈"技术以及小流域综合治理技术等。这些技术在我国荒漠化防治中已被广泛采用,并被实践证明是实用可行的。

防护林工程

浩瀚的沙漠戈壁有它变化和运动的过程,人们不能忽视它的存在,由于风沙的肆虐,林草繁茂的沃土成为不毛之地,文明古城被沙漠吞没。

近代沙漠有继续蔓延和土地严重沙化的趋势,已经引起了国务院和各级政府的高度重视。河西地区从 20 世纪 60 年代开始了沙漠治理和营造防护林,80 年代国家把治沙和防护林建设纳入国民经济发展计划。已建固沙林保存面积 $13.2\times10^4hm^2$,防护林带总长 1.2×10^7km,控制流沙面积 $18.3\times10^4hm^2$,治理风沙口 454 处,保护和封育天然沙生植被近 $33.3\times10^4hm^2$。

我国部分地方"沙逼人退"的现象基本得到缓解,1400 多个村庄免除了流沙埋压的威胁,同时在沙漠戈壁边缘的沙化土地有规划地引水垦荒,营造防护林和治沙,阻止了流沙的蔓延和荒漠化的加速扩展。

1993 年 5 月 5 日强沙尘暴后,林业部沙尘暴科学考察组以及中科院兰州沙漠研究所现场调查组发现,凡是保护林体系比较完整的绿洲,天然植被和人工植被覆盖度为 30%左右,且地表有结皮的草场，有防护林带或灌木—草木植被带保护的铁路干线及支线，基本上没有受到这次沙尘暴的危害。

河西的防护林体系建设，始终围绕南保“青龙”（保护和扩大祁连山水源涵养林）、北治“黄龙”（营造固沙植被和大型阻沙林带）和中建“绿龙”（绿洲窄林带小网格林网化）的总体部署，无疑是正确的，以往已取得了显著成效，今后将会取得更大成就。

河西东缘至陕西、山西及内蒙古地区今后防护林体系建设，应集中到新老绿洲四周和内部，遵循因害设防的原则，以防护绿洲需要为限度，重建、新建固沙植被和加宽阻沙林带，加速新、老绿洲窄林带小网格护田林建设，不留大空隙。退耕还林还草，以生态农业、牧业为重点，加快生态环境的改善和建设。对于一般不灌溉的阻沙林带甚至固沙植被必要时可每年进行一次补给性灌水。

人工固沙工程，考虑到辅助人工植被所设置的草方格，不耐沙尘暴袭击，同时多者 4～5 年腐朽失效，还是以铺设粘土沙障为好，一是维持时间长，二是经雨水冲刷可在沙面形成土结壳，即使植被覆盖度不够，也不致遭受风蚀。河西走廊绿洲防风固沙体系（参见图 6.1）就很有代表性。

华北地区，在城乡结合部加紧绿化，建立绿色生态屏障，对各县区及张家口市区周边城建扩展区及建筑工地就地的起沙采取严格控制措施，以有效降低沙尘强度。

张家口的土地荒漠化直接影响到北京的环境保护和水源质量，由于张家口位于北京上游，是西北季风进入北京的主要风道，坝上四县又是荒漠化最严重的地区，其海拔高度为 1400～1600m，是北京海拔高度的五十倍左右；坝下地区五大沙滩是离北京最近的沙源，如南马场沙滩的“天溪”，其海拔高度比北京市区要高出 500m 左右，距天安门直线距离只有 70km。

所以无论坝上，还是坝下离京不远的周边地区，由于地势高，植被差，土地干燥疏松，都是对北京危害直接和影响最明显的沙源地。

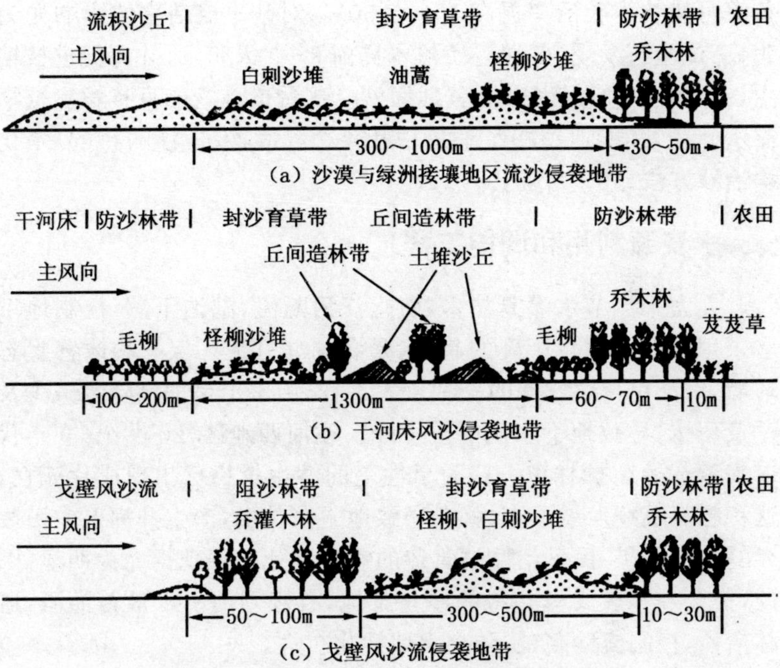

图 6.1　河西走廊绿洲防风固沙体系示意图

据统计，仅坝下 5 大沙滩每年向北京输沙就近 10^6t，因此这些地方理应成为治理重点区域。尽早尽快形成首都圈的绿色生态屏障是当务之急。

防护林网在宏观上根据风向和地域带状布置。在微观上适应于小地貌。丘间低地栽沙枣，缓沙坡及平坦沙地栽花棒、沙拐枣、梭梭、胡杨，轻盐碱地栽种沙枣、胡杨、红柳，盐碱地植红柳，乔灌木树种灵活配置，小区域成片，大范围成带。将流动、半固定沙丘包围在林内，真正实现“前挡后拉”。在人工林的防护下，借助于人工林喷灌的抚育措施，加速天然植被逐步恢复，自然地构成乔灌草的 3 层结构。

在人工林管理措施中，喷灌的效果最为突出。试验结果表明：

冬灌可使林木成活率提高15%～50%，对沙枣成活率的影响尤为明显。试验还发现，冬灌可使树木提前3～5天萌发，并可促进枝梢生长。冬灌后，沙表冻结，就地固沙。这种措施既能直接解决植物需水问题，又能达到在冬季草枯叶落之际固沙、压沙的目的，是化学治沙方法无法取代的。

水资源利用和调控工程

大力推广节水灌溉技术，防止江河断流，湖泊干涸，控制地下水采用过度和水位下降的趋势，是我国北方地区保护和改善生态环境，保证可持续发展的一项重大工程。由于干旱加剧降水减少及过量用水，导致地下水位严重下降。在河西地区，20世纪60年代以来营造的防护林和一些耐旱性差的沙生植物已出现成片死亡，这种趋势继续发展下去，就会导致地下水枯竭，产生井灌区农田废弃的严重恶果。民勤治沙站营造的沙枣林死亡表现得尤为明显。因此，需要在沙漠戈壁边缘的沙化土地，有规划地引水垦荒灌溉，造林治沙，控制流沙蔓延，防止土地沙化扩大。

由于全球增温，大范围气候持续干旱，给各种水资源(冰川、湖泊、地表径流)带来严重影响。

冰川后退：西北地区水资源主要储存于高山冰川，但因全球增温、干旱，冰川在后退。如阿尔泰山、天山、帕米尔、祁连山有观测记录的227条冰川中，73%处于退缩状态。

据实测，天山乌鲁木齐河与祁连山水营河两个小冰川区，由小冰期盛时至今，冰川面积已分别退缩了43%和46%。西北地区各冰川后退速度，平均约10～20m/a。

湖泊萎缩：西北有很多无出口的内陆湖，受到气候与人类活动的影响，平原区湖泊主要受人为活动的影响，如罗布泊原是著名的内陆湖，后因塔里木河的补给，100多年以前湖面曾达3000km^2，由于塔里木河筑堤引水，进入湖区的水量减少，到20世纪50年代湖面缩小为2006km^2，1972年已完全干涸。素有绿洲之称的居延海,目前已干涸。青海湖属于高原湖泊,因气候干旱及周围 80 万亩农田的用水,导致入水量减少。1986 年比 1956 年下降 3.35m。近年来由于耗水大于补给水量,多年平均亏水 $4.56\times10^{8}m^{3}/a$,湖水位平均每年以 10.57cm 的速度下降,水面平均每年以 $9.43km^{2}$ 的速度缩小、裸露成陆。近 10 年平均每年下降 13cm。同时,由于生态环境恶化,沙漠化土地不断扩大,环湖河流含沙量大,其总输沙量为每年 $60.75\times10^{4}t$。

合理开发和利用水资源

缺乏和失去水资源,人类将无法生存,更不可能持续发展。要治理、保护好生态,提高生态调控灾害能力,首先应确保自然资源尤其是水资源的合理开发与均衡利用。

水资源的合理开发利用在沙漠化防治上有着举足轻重的意义,重视"三水"资源的规划,综合开发利用静态水资源(地球表层水资源)和动态水资源(雨水和地下水资源)是防沙治沙、改善脆弱生态环境和恢复生态环境系统必须解决好的头等大事,同时这也是发挥黄河整体社会经济效益的关键环节。

在我国北方地区防沙治沙、改善生态调控灾害能力的过程中,全面规划依法治水是关键,同时还要加强立法指导工作。进一步完善《草原法》、《森林法》和《水土保持法》,加强管理,强化领导,建立专门的荒漠化治理机构和精干高效的管理队伍。

在实施中,还应注意不能以牺牲大环境来保护区域小环境,这需要西北、华北地区乃至整个北方地区今后更应立足于节水农业和生态农业来发展地方经济,建设和完善节水灌溉系统,推广节水灌溉技术,减少用水量,充分利用现代科学技术和研究成果,减少整个北方地区在社会经济发展过程中的用水不经济性和盲目性,从而使有限的水资源在广阔的北方干旱地区发挥更大的生态调节、植被滋养和发展经济的功能,稳定和改善北方地区大的生态环境,恢复生态平衡和生态调节作用,掌握经济与环境协调发展及人与自然共存共荣的实际技能,实现人类的可持续发展目标,变包袱为财富。

在黄河流域调配和保护好水资源,不仅是改善和保护生态环境的需要,更是防止黄河断流保障下游地区人民生存条件的重要水资源调控工程措施。

生态保护工程

封沙育林育草：根据杨恒贵等人(1994)的试验，封沙育林育草可增加植被盖度和生物量，降低风速，阻截流沙。封育后，植被盖度、生物量逐年增加，1987 年盖度达 37.3%、生物量达 4119g/m^2，如表 6.2 所示。

表 6.2 封育对植被盖度和生物量的影响

调查时间(年)	植被盖度(%)			生物量(g/m^2)		
	封育区	对照区	封后增加	封育区	对照区	封后增加
1984	20.0	15.0	5.0	300.0	250.0	50.0
1985	33.4	13.7	18.4	377.0	243.0	127.0
1986	37.9	10.2	22.9	404.0	193.0	154.0
1987	37.3	8.7	22.3	411.0	155.0	161.0

对照区天然植被盖度和生物量出现下降趋势，一方面是因为封育后草场面积减少，载畜量相对增加，另一方面是观测期间年降水量递减所致(1984 年降水量为 123mm，1985 年、1986 年分别为 91mm、48mm)。封育区地表(10cm)风速相对 2m 高风速下降了 50.7%，而对照区仅为 34.2%；封育区地表粗糙度明显增大，输沙量远小于对照区，如表 6.3 所示。

表 6.3 围栏封育防风固沙效果

地　段	风速 2m	风速 10m	$\frac{V_{200}-V_{10}}{V_{200}}$	地表粗糙度	输沙量
封育区	7.3	3.6	50.7	0.780	0.0098
对照区	7.6	5.0	34.2	0.137	0.0382

从减少和降低强沙尘暴天气出现频数及强度方面来考虑，其有效防治的根本出路是保护生态平衡，增加北方地区春季地表植被覆盖率和改善整个北方地区恶化的生态环境，健全生态治理调控体系。

事实表明,生态环境的改良对遏制沙尘暴灾害有着非常显著的效果。

例如:我国西北绿洲过去完全处于沙尘暴袭击之下,风沙灾害频繁,以河西武威、张掖、酒泉三地区为例,解放前的绿洲面积仅 $27\times10^4hm^2$,其中约一半面积受到风沙危害。

从 20 世纪 50 年代以来,在扩建绿洲和开辟新绿洲的同时,大规模进行治理工作,特别是 1978 年“三北”防护林建设工程以来,新、老绿洲防护林体系建设取得了全国瞩目的巨大成就。这里绿洲已发展到 78 片,有效灌溉面积达 $55\times10^4hm^2$,成为国家稳产高产的商品粮基地之一,是甘肃省重点产粮区。

在沙尘暴过程中,同是新垦区,有无防护林体系防护,灾情差异悬殊。甘肃省景泰引黄灌区一期工程于 1974 年上水,开垦 $2\times10^4hm^2$,同时营造窄林带、小网格护林网和一些片状林 $2460hm^2$,占灌区总面积的 12.30%,树高 11～12m,基本上不受沙尘暴危害。

正在建设的景泰—古浪二期引黄灌溉工程新开垦约 $21\times10^4hm^2$,林网未形成,受沙尘暴危害严重。可见农田林网工程是防治沙尘暴灾害的重要措施之一。

甘肃省临泽县的平川乡,地处巴丹吉林沙漠前沿地带,因在 25km 长的风沙线上营造了一条宽达 1.5km 的大型防沙阻沙林带和固沙灌丛,$2600hm^2$ 耕地在“93.5.5”特强沙尘暴过程中受害禾苗仅在 5%以下。

宁夏贺兰县金山乡北台子区于 1985 年开垦的新灌区,建成的林网一般树高已达 6～8m,该地区虽受 1993 年“5.5”特大沙尘暴的袭击,但小麦基本未受灾,沙尘暴强度也相对较弱;而同处一乡的南台子新垦灌区,1990 年开始上水,防护林体系尚未形成,沙埋、连根吹失禾苗面积达 39.1%。

同样,宁夏中卫县沙坡头治沙工程及铁路防沙工程所取得的举世瞩目业绩和历史性的转变也充分证明,生态整治与恢复在抵御和减轻自然灾害过程中的生态调控功效不可低估。甘肃兰州以北的引大(大通河)入秦(秦王川)工程也已逐步显示出明显的生态效益和经济社会效益。

加强草场的管理保护,结合畜群承包责任制,进行草场规划管理,固定草场使用权,使用、保护、建设三结合。退化严重的草场,要加强封育,待草场恢复后再进行放牧。要做到"以草定畜"和合理轮牧,提倡种草饲养、圈养牲畜,恢复草地植被。严禁乱砍、滥挖和滥搂沙地植被。

加强保护土地、防治沙化的宣传教育,解决居民烧柴取暖问题,杜绝乱砍草木;挖药材、搂发菜要有计划地进行,不能破坏植被和土壤,应提倡人工种植和培养。

扩大飞机播种面积。飞播治沙造林是一种多快好省的防治沙尘暴途径,阿拉善盟和陶乐县在年降水量150～200mm的缓起伏流动沙地上已取得成功的经验。

据在阿拉善盟调查,近几年飞播的沙拐、沙枣平均株高39.3cm,覆盖度35％～40％;花棒平均株高85cm,覆盖度40％～50％;籽蒿平均株高92.5cm,覆盖度60％～65％,播区沙地已基本固定和半固定,在强沙尘暴后未见吹蚀起沙现象,它与播区外茫茫流动黄沙形成鲜明的对比。

为了加快人烟稀少、劳动力缺乏的广大荒漠地区的治沙工作,应大力推广和扩大飞播造林、种草面积。

从控制沙尘暴灾害考虑,应站在生态治理、增强生态调控自然灾害能力的战略高度去遏制沙尘暴天气产生的源头。

为此,要动员全社会的力量来保护日益恶化的生态环境和大力开展植树造林活动以求防沙、固沙、涵养大气和土壤水分,采取一切措施来降低干旱所造成的地表植被极差的现状,从根本上制止北方地区土地沙化面积的继续扩大和蔓延,以达到控制沙尘源的目的。

退耕还牧还林，恢复林草覆盖率

有计划分步骤实施退耕还牧还林，恢复和提高林草覆盖率，改善局地小气候，控制水土流失。水土流失和沙化土地急需治理，宜林荒山、荒坡需绿化，对此都应遵循自然规律和经济规律，坚持生态效益和经济效益相结合，按照以防为主、防治结合、突出重点的原则，统一规划，综合治理。

一是把防风治沙做为重点，按土地利用类型综合防治沙尘和土地沙化，属于草地开垦、撂荒造成的沙荒地，应立即停止开垦；

二是按各地气候特征，选择适宜品种，人工种植多年生牧草，封围、禁牧，恢复林草植被；

三是属于乱采滥挖破坏植被引起土地沙化，应立即停止破坏，进行植被恢复与重造；属于载畜过量引起草场退化，草地沙化，应实施以草定畜，种草养畜。

以生态屏障建设为重点，根据地貌单元的实际，进行分区治理。在农牧交错区，营造数十公里宽的乔灌草相结合的横向沿边防风固沙林带，阻挡西、北两路风沙入侵南下；对各大风口区，采取飞、封、造等多种营林方式，营造30km宽的防风固沙林带，封堵沙尘南下。

草场改良，增加草场覆盖度

对现有草场实施改良，增加草场覆盖度。特别要注意增加适口性牧草种植比重，引进适宜当地气候的优良品种，和针对近几十年来退化草场气候有明显干旱化的趋势，地表湿润指数和土壤湿度明显变小的状况，引种耐旱性较强的多年生牧草及植物。

为尽快恢复现有草场状况，对过去实施的围栏禁牧等有效措施要大力推广。同时拓宽草地生态容量，以提高草地载畜能力。其次，对现存基于原有防护林带过窄或断带，多以灌木林为主缺少乔木配置，防护作用未能得到充分发挥的问题，应当更新加宽补种。

铁路防沙工程

铁道运输线穿越各种自然带，生态条件复杂，受沙尘暴灾害的袭击更为严重，防治更困难。建立人工生态平衡体系的制约因素很多，更有人的能力无法抗衡的自然因素或灾祸。我们所能做到的是遵循自然规律，科学选择沙区铁路的位置和走向，因地制宜地建造经济、有效的最佳铁路沙害防护体系。即在建设初期就应严格遵循自然规律，依据铁路防护标准、铁路沿线生态条件和风沙移动规律，来确定防护措施。

祁元祯等指出，建立铁路防护体系的有关生态条件和设计要求为：

①年平均降雨量 160mm 以上的半荒漠地区，在机械措施固沙的基础上，能建成无灌溉生物固沙防护体系；

②年平均降雨量 100～160mm，处于半荒漠到荒漠过渡地带，围栏营造自然植被覆盖，使其形成半固定沙地，并以机械沙障辅助，取得固沙效益；

③年平均降雨量 80～100mm 的荒漠地区，沙地潜水位埋深 5m 以内，可营造深根沙生植被；埋深 3m 以内，沙生植被有良好生长条件，固沙效果显著；埋深 5m 以下，生态条件差，沙丘植物覆盖度很低，必须采取机械固沙为主的工程与生物相结合的固沙措施；

④年平均降雨量 80mm 以下的荒漠地区，必须在有灌溉条件下营造防护林。或潜水位埋藏浅有利用条件的，也可采取无灌溉生物固沙措施。

沙区铁路防护设计的主要内容：调查沙地地貌、水文地质概况、风沙流起因和运动规律、生态条件等；确定防护形式、完成整体防护设计；制定实施方案，明确筑路过程和交付运营后分别完成的项目和期限。保证防护体系建设的完整性和连续性。

筑路期间（交付运营以前）完成的主要项目：工程防护措施，灌溉水系网、林地及生产基地建设等。

有灌溉条件防护设计：平原沙地平均降雨量 200mm 以下的半荒漠、荒漠地带防治风沙流的最有效措施是在有灌溉条件下建成以生物固沙为主体的防护体系。基本上由阻截流沙、防风林网、路基本体防护三部分组成，如图 6.2 所式。

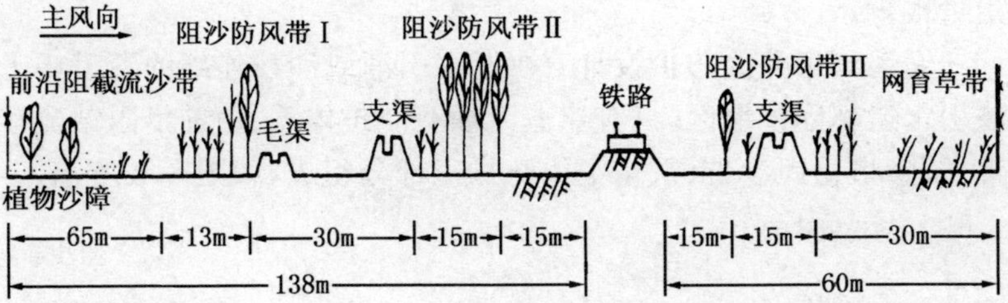

图 6.2　有灌溉条件下铁路风沙流防护体系示意图

阻截流沙带：位于防护体系迎风侧的前沿，阻截流沙带的主要作用是阻截气流搬运的绝大部分沙粒堆积在带内，切断危害铁路的沙源，保护防护体系充分发挥整体防护效应。

防风林网：防风林网的作用是完成对风沙流的最后阻截，减少气体中悬浮的沙尘含量，削减气流动能，使风速减弱到有害值以下。

路基本体防护：风沙土路堤边坡、路堑边坡及隔离带有风沙土裸露均需用水泥板或卵石平铺隔离防护。

主风侧防护宽度：阻截流沙带 65m＋阻沙防风带 13m＋空间带 30m＋阻沙防风带 15m＋隔离带 15m＝138m。

次风侧防护宽度：育草积沙带宽 30m＋阻沙防风带 15m＋隔离带 15m＝60m。

防护体系总宽：主风侧防护宽 138m＋次风侧防护宽 60m＋路基本体宽 10～198m。

防护效应分析：风沙流经过防风阻沙带后，气体携带沙量 99％以上被阻截。进入铁路上空气体仅有不到 1％沙量的尘埃悬浮，待风静后下沉。据沙坡头沙丘稳定结皮地段实测，平均每年沙面沉降沙尘厚度为1.6mm(赵兴梁，1991)。河西铁路道床中修清筛周期按7年计算，累计沉降沙尘厚度11.2mm，只侵占道床孔隙量的9%。对道床中修周期影响很小。在防风林带保护下，沉降沙尘量很少。

无灌溉条件的防护设计：在无水引灌或沙丘连绵的荒漠中无法引水造林固沙地区，只有建造无灌溉防护体系。由前沿阻截流沙带、草障植物固沙带、铁路本体防护三部分组成，如图6.3所示。

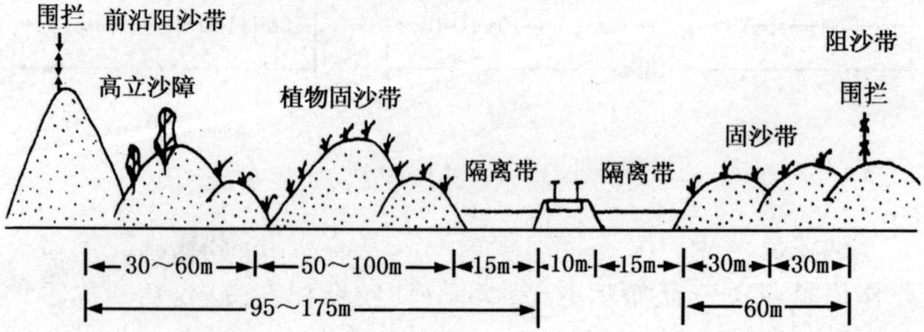

图6.3 无灌溉条件下铁路风沙流防护体系示意图

前沿阻截流沙带：设2～4道直立式1m高机械沙障，第一道沙障透风度为50%左右。最后一道沙障设为疏透结构，透风度为30%，透风系数为0.5左右。中间沙障结构介于前后沙障之间。障间距为障高度的10～15倍，即10～15m。设障数的确定原则是：最后一道障后15m处的方格草沙障固沙带不得有风蚀或积沙覆盖出现。风沙堆积带发展到有危及固沙带时，及时设障固定，形成以沙阻沙的阻沙堤。

草障植物固沙带：如地处半荒漠地带的沙坡头采用1m×1m草方格固定沙丘，种植固沙植物，建成以植物固沙为主、沙障辅助的防护体系。

年平均降雨量100mm以下的荒漠地带，如清水三合采用1m×1m草方格为主，培育适量植物固定流动沙丘取得成功经验。

年平均降雨量 60mm 以下的玉门段低窝铺戈壁也用草方格固定沙丘，因地势平坦，风速大，1～2 年后草方格严重吹蚀，沙丘重新流动，最后采用粘土卵石全面覆盖隔离防护。草障植物固沙带，阻截流沙带结构设置合理，阻截流沙量达 90%～95%，固沙带宽度可为 50～100m。

铁路本体防护：步堤边坡和路堑边坡及两侧平台有易被风蚀的风沙土裸露，均做水泥块或卵石铺砌隔离防护。

主风侧防护宽度：前沿阻截流沙带宽 30～60m＋草障植物固沙带宽 50～100m＋隔离带 15m＝95～175m。

次风侧防护宽度：75m。

主防护体系总宽度：主风侧防护宽 95～175m＋路基本体 10m＋次风侧防护宽 75m＝180～260m。

防护效应分析：来自防护体系外含沙量饱和状态的风沙流首先遇到通风结构沙障，障前 1～3m 处相对风速降至 90%，出现积沙。穿越沙障孔隙时相对风速达 100%以上，沙障前后 1m 范围内不积沙。障后 5～10 H(H 为障高) 范围出现最低值 50% 左右，沙粒大量下沉堆积。10H 后风速回升将要出现风蚀趋势时，遇到第 2 道沙障，障后 5 ～ 10H 出现第 2 个积沙带。10H 后气体含沙量达 5% 以上时，可设第 3 道沙障，直至气体含沙量降到 5% 以下。一般机械沙障设 2 ～ 4 道，植物沙障设 2 道。

阻截流沙带切断危害铁路的沙源，有效地保护防护体系的完整性，在防护体系中占有很重要的地位。必须保证阻截流沙带应有的效应。

气流进入固沙带后，风速有回升，达到起动风速以上时，出现风蚀，但在 1m×1m 草方格作用下，近地表高程 20cm 以下风速减弱。沙表面形成定型的曲面后不再有积蚀。外露麦草逐年朽蚀，沙生植被逐年长起，沙表面逐渐结皮，抗风蚀能力提高，稳定的固沙带形成。

进入铁路本体上方的气流便含有5%以下的悬浮沙尘,风静后年沉落道床表面厚度1.6mm。线路中修周期内总沉积厚度11.2mm,侵占道床孔隙量的9%,对中修周期影响很少。铁路本体和两侧风沙地表全做隔离防护,抗风蚀能力强。

包兰线沙坡头段"五带一体"治沙防护体系

包兰线是我国第一条沙漠铁路。本着因地制宜、就地取材、因害设防、综合治理的原则,布设固沙防火带、灌溉造林带、草障植物带、前沿阻沙带和封沙育草带(中国科学院兰州沙漠研究所沙坡头沙漠研究站,1980～1988)"五带一体"铁路治沙防护体系",如下图所示。

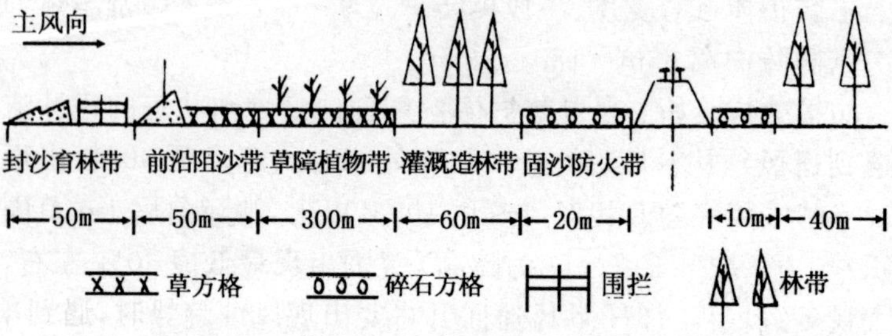

包兰线沙坡头段"五带一体"防护体系示意图

为了阻挡沙丘前移侵袭线路,首先必须稳定表层流沙,采用"沙障固沙",以当地丰富的麦草资源为材料,设置1m×1m草方格沙障,草方格内栽植植物,形成"草障植物带"。"草障植物带"为沙障、植物固沙结合带。该段线路部分地段距黄河仅100m,具备引黄提灌造林治沙的条件,因此,形成了引水灌溉条件下的"灌溉造林带",该带为稳定可靠的永久性铁路固沙防护带。由于带前及带内积沙,进一步建立了"前沿阻沙带"和"封沙育草带",使多带组合的防护体系得以形成。此外,为了防止行驶中的蒸汽机车漏碴引起火灾,在线路与灌溉造林带之间又建立了"固沙防火带"。封沙育草带没有确定的宽度规定,在前沿阻沙带的外缘一定宽度范围内设置。总之,"五带一体"治沙防护体系,各带均因需而设,互相结合,是一个互为依存的整体。

这种防护体系适用于铁路穿越或紧靠大面积流动沙丘的地区，但具体到每个带设置与否，以及设置的宽度则应区别情况而定。灌溉造林带必须有水利条件，或能就近引水，或能打井提灌，否则无法设置。固沙防火带是适应包兰线行驶蒸汽机车的特点而产生的，如果行驶的机型是内燃或电力，就没有必要设置。每个宽度主要由其功能性和经济性确定。草障植物带是体系中最重要的固沙带，其宽度应结合历年平均起沙风速的频率来确定，使固沙带末端风速减弱到起沙风速以下时的宽度即为最小宽度，考虑一定的安全度，再适当增加 30%～50%。对于前沿阻沙带，因为主要是一道高立式栅栏，为达到有效阻挡风沙流并尽快形成高大人工沙堤的目的，栅栏应设在沙丘迎风坡 2/3 以上至沙丘脊线部位，其后的草方格一般有 30～50m 即可，主要由投资能力决定。

兰新线玉门段四带一体”防护体系

戈壁风沙流对铁路的危害不同于沙漠流沙地区。戈壁风沙无明显集中沙源，对这种“无边无际”的风沙流，多条林带是最有效的屏障（兰州铁路局玉门公务段、中国科学院兰州沙漠研究所，1992）。由于附近有可供引水的昌马干渠，这就为营造防沙林带提供了基本条件。为了使林带在营造初期免受戈壁风沙流侵袭，使防沙林带外缘的积沙问题得到解决，在林带的外缘设置防沙堤与截沙沟，并在防沙堤上扎设栅栏组成前沿阻沙带，在林带与阻沙带之间是空留带和灌草带，如下图所示。

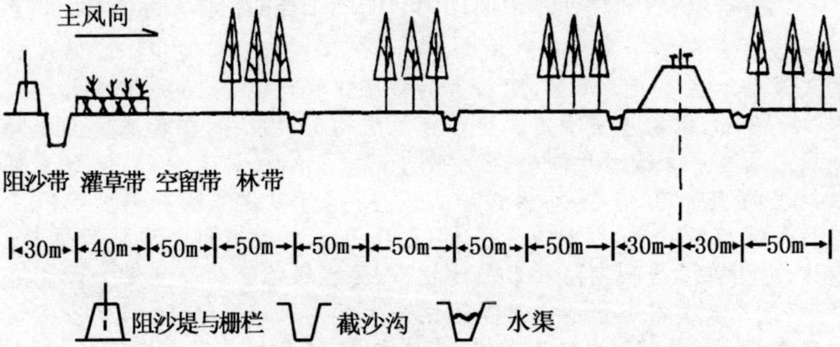

兰新线玉门段“四带一体”防护体系示意图

“四带一体”防护体系的特征是以灌溉林带为主体，其余各带远近配置、高低结合，阻固兼备以取得防风固沙的良好效益。林带的数量和宽度，应按主、次风向及沙源确定。沙源丰富的主风向一侧，一般设2～3条林带，次风侧一般只设1条或者不设林带。林带宽度一般为20～50m，带间距离50m，林带距线路中心距离30～40m。该防沙体系适用于通过戈壁荒漠线路受风沙流侵袭并有可能引水或利用地下水灌溉的地段。

青藏线阻固结合的纯工程防沙体系

阻固结合的纯工程防沙体系的特征是：以阻为主，先阻后固，阻埋兼顾，不断增加积沙高度、利用沙丘愈高移动愈慢的规律控制流沙，达到以沙阻沙的效果，如下图所示。

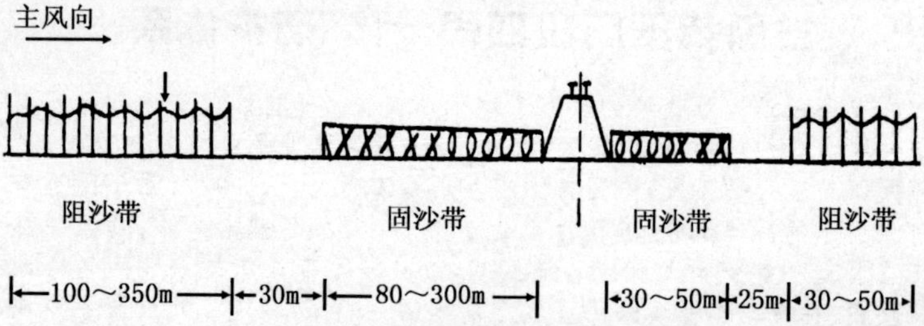

青藏线柯柯－格尔木段阻固结合的纯工程防沙体系示意图

这种防沙体系适用于无灌溉条件的地区进行铁路防护。防沙成败的关键在于阻沙带的设置，阻沙带的宽度在迎风侧为100～350m，背风侧30～80m，以输沙量决定。阻沙带的结构形式多样，在青藏线伏沙梁地段采用8～12道竹片栅栏，栅栏高1m，长2m，透风度45%，间距为栅栏高度的25～30倍，平面形式为折线型；也可以建立片石包坡阻沙堤与竹片栅栏阻沙堤，以及芦苇栅栏、覆膜沙袋阻沙堤和盐坡挡沙堤等。应该注意的是，当一期阻沙带被沙埋后，要在原位置的积沙堤上再设阻沙带，反复多次增加积沙高度以形成高大的人工阻沙堤，达到以沙阻沙的效果。固沙带则可由碎石方格、盐块方格、麦草或芦苇方格组成，其宽度迎风侧80～300m，背风侧30～50m。

干武线石峡子段无灌溉条件植物防沙体系

干武线石峡子段采取先在流动沙丘上设置草方格，然后在草方格内栽植植物，并加以封禁，最后达到防治沙害、保证线路畅通的目的，如下图所示。

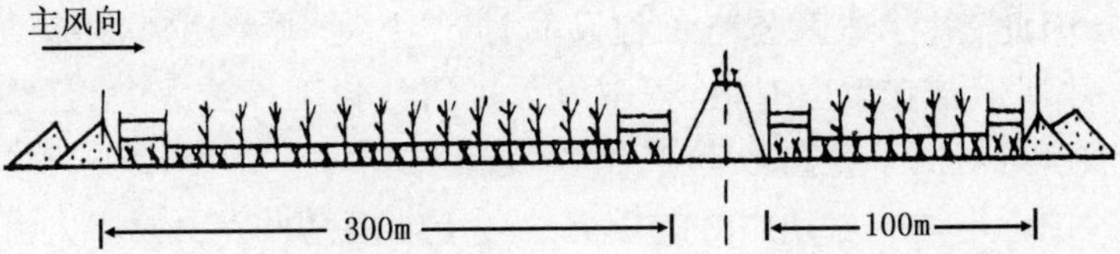

干武线石峡子段无灌溉条件下植物防沙体系示意图

这种防沙措施的主要特征是，在降水量很小的流动沙区，通过工程固沙措施，在无灌溉条件下，实现植物固沙。

这种防沙措施的适用条件是：年平均降水量不低于160mm的地区，降水较均匀，少大雨和暴雨；≥0℃有效积温3000℃以上；线路两侧一定范围（一般主风侧300m、次风侧100m）的流动沙丘上设置草方格来固定流沙。

同时，为了获得最佳的造林效果，应采用容器育苗法、ABT生根粉及保水剂处理方法，以提高沙生植物的出苗率和生长量，还应优选适合当地栽植的沙生植物，并做好林带配置、土地条件的选择，充分利用各种造林的先进技术，使造林成活率稳定在70%以上，保存率达到50%以上。

沙漠公路防沙治沙措施

公路穿越流动沙丘地区，沙丘前移直接埋道。公路路基为路堑，如有风沙流过楞坡上必然沉积流沙，并且愈积愈多，也会埋道。公路路基为零断面，若两侧为戈壁，风蚀地，半固定沙地或大面积风蚀性旱地，一进入冬、春风季，风沙流过境频繁，从路面一扫而过，不会在路面上积沙。

但是，公路两侧如有宽 10～20m 的灌木草丛或行道树，风沙过境，即在这里沉积愈来愈多的流沙，从而在路边形成沙垄，成为埋道的就地沙源。

因此，风沙地区公路工程及防沙治沙，必须考虑风沙移动规律，并因地制宜采取对策，否则靠人工清沙投工投劳太大，公路防沙治沙可借助于铁路沙害整治的经验和技术。

位于塔里木盆地中心的塔克拉玛干沙漠是世界上第二大流动沙漠，流动沙丘占据 85%。塔里木盆地中心属极端干旱气候区，年平均降水量 35.5mm，年平均蒸发量高达 3200～3600mm，风大沙多，植被稀疏，沙漠腹地相对高度 50～70m 的复合型沙丘延绵起伏。盆地中蕴藏着丰富的石油资源，仅在塔中四号构造区就探明石油地质储量 1 亿吨以上，并已形成年产 200×10^4t 油气的规模。

为了加快沙漠腹地石油资源的勘探和开发步伐，"塔里木沙漠公路工程技术研究"被列为"八五"国家重点科技攻关项目，修筑了全长 522km、穿越 416km 流沙的沙漠公路，沙漠公路防沙治沙是此项工程中必须解决的技术难关，也是保证沙漠公路畅通的一项长期任务。

主要技术措施：根据塔里木盆地的自然条件和沙漠公路沿线风沙运动规律，制定了"避重就轻、因害设防、重害重防、轻害轻防"的原则，采用"阻、固、输、导"等措施，形成了一整套防沙治沙技术。

当地用 4 年时间在沙漠公路建立了"以机械固沙为主，辅以生物固沙、化学固沙试验"的公路固沙体系 248km 和机场、井场防治工程，累计设置阻沙栅栏 890km，草方格沙障 $5352\times10^4m^2$，化学固沙试验面积 $2\times10^4m^2$，还进行了植物固沙试验、沙漠腹地绿化工程和蔬菜栽培等。主要技术措施如下：

沙漠公路选线和路面设计：考虑到公路沙害中以沙丘前移危害最大，公路要尽量避开沙丘背风坡，选择丘间低地或大沙山迎风坡下部；在路面设计上，把路基横断面设计成流线形或弧形断面，让风沙流顺利通过路堤，产生输导效果，避免路面积沙。

公路防沙体系的合理宽度与设置：根据路段的沙害强度，防沙体系本身的种类、结构，防沙工程规定的使用年限和采用材料寿命等综合考虑，经试验研究，尼龙网阻沙带、芦苇草方格固沙带的防护宽度为 90～98m，具体路段的防沙带宽度应视沙害的程度和方向而异；防沙体系由前沿阻沙带（高立式栅栏和尼龙网栅栏）、中间草方格固沙带和公路两侧化学固沙带三个部分配置而成。

固沙材料的选择：已经试验推广了覆膜防沙带压沙脊防止沙丘前移、压碾芦苇方格替代麦草方格和一年生草本植物固沙、L-P 固沙剂、复合材料固沙、尼龙网栅栏阻沙等 6 种固沙技术和材料，均收到良好的成效。

极端干旱区的固沙植物引种和绿化、蔬菜栽培：在缺乏水源的情况下，利用沙漠降水量虽少但非常集中的特点，在降雨过程后适时播种耐旱耐盐一年生草本植物固沙，扩大了常用的植物固沙种类，同时在肖塘建立了沙漠植物园，成功地引种沙生植物和盐生植物 37 种，采用咸水灌溉，均获得了成功，展现了生物固沙、改变沙漠腹地环境面貌的美好前景。

主要成效：由于节省了道路清沙费，沙漠公路防沙工程每年可以产生直接经济效益 2280 万元，5 年投入产出比高达 1∶20 以上，经济效益十分可观。南北贯通塔克拉玛干沙漠的公路防护体系把大沙漠分隔为二，在一定程度上有利于控制流沙的蔓延。

防沙治沙工程增大了地表粗糙度，改善了局地微气候条件和地表状况，有利于草木植物种子的保存和繁育，如工程带内的芦苇、河西菊比外部流沙地繁茂，植被盖度在局部地区可达20%，使极端干旱的“死亡之海”公路沿线出现了生机盎然的景象，生态环境得到一定程度的改善。

塔里木公路防沙治沙工程达到国际先进水平，获1995年国家十大科技成就奖，1996年获国家科技进步一等奖，得到党和国家领导人及国内外专家的一致赞誉。

参考文献

陈隆亨,李福兴.宁夏和内蒙古阿拉善盟强沙尘危害及防治对策.中国沙漠,13(3):8-13,1993

陈敏连,郭清台,徐建芬等.黑风暴天气的研究和探讨.甘肃气象,**11**(3):16-27,1993

陈永卫,牛志敏,徐启运等.西北区域黑风天气预报和服务管理系统工程的研究.甘肃气象,**11**(3):55-60,1993

董玉祥,刘玉璋,刘毅华.沙漠化若干问题研究.西安:西安地图出版社,195-226,1995

方宗义,朱福康,江吉喜等.中国沙尘暴研究.北京:气象出版社,1996

付有智,刘坤训,丁荣等.甘肃河西黑风成因及预报.甘肃气象,**11**(3),40-42,1993

高凤荣,李云.甘肃河西"5.19"黑风分析.甘肃气象,**7**(1):13-17,1989

耿宽宏.我国沙区起沙风气候学研究.中国沙漠,**5**(1):16-26,1985

贺大良.北京地区风沙活动的变化趋势.地理研究,**12(4),81-84,1993**

胡隐樵,光田宁.强沙尘暴发展与干飑线——黑风暴形成的一个机理分析.高原气象,**15**(2):178-185,1996

卢琦.中国沙情.北京:开明出版社,53-121,2000

牛生杰,章澄昌.贺兰山地区春季沙尘气溶胶的化学组分和富集因子分析.中国沙漠,**20**(3):264-268,2000

牛生杰,章澄昌,孙继明.贺兰山地区沙尘暴若干问题的观测研究.气象学报,**59**(2):196-205,2001

祁元贞.荒漠、半荒漠建设铁路对风沙流防护体系研究.中国沙漠,**16**(3):266-274,1996

邱金桓,孙金辉.沙尘暴的光学遥感及分析.大气科学,**18**(19):1-9,1994

苏玉成.甘肃省河西地区"5.5"沙尘暴浅析.甘肃气象,**11**(3):14-19,1993

王式功.我国西北地区"94·4"沙尘暴成因探讨.中国沙漠,**15**(4):326—333,1995

王式功,董光荣,陈惠忠等.沙尘暴研究的进展.中国沙漠,**20**(4):349—356,2000

王式功,董光荣,杨德保等.北方地区沙尘暴变化趋势初探.自然灾害学报,**5**(2):86—94,1996

王式功,杨民,祁斌等.甘肃河西沙尘暴对兰州市空气污染的影响.中国沙漠,**19**(4):354—358,1999

王小青.我国西北地区沙尘暴灾害及防治对策.干旱区研究,**18**(2):61—64,2001

夏训诚,杨根生.中国西北地区风沙尘暴灾害及防治.北京:中国环境科学出版社,1996

徐峰.铁路沙害整治及其研究方向.中国沙漠,**14**(2):69—78,1994

徐国昌,陈敏连,吴国雄.甘肃省"4·22"特大沙暴分析.气象学报,**37**(4):26—35,1979

徐建芬,牛志敏,陈伟民等.我国西北地区"4·5"沙尘暴天气研究.中国沙漠,**16**(3):281—286,1996

杨东贞,王超,温玉璞等.1990年春季两次沙尘暴特征分析.应用气象学报,**6**(1):18—26,1995

杨根生.中国西北地区黑风暴与农业防灾减灾措施.中国沙漠,**16**(2):97—104,1996

杨根生,拓万全.关于宁蒙陕农牧交错带重点地区沙尘暴灾害及防治对策.中国沙漠,**22**(5):452—465,2002

杨根生,王一谋,赵兴梁.我国西北地区"5·5"强沙尘暴的危害状况与对策.甘肃气象,**11**(3):43—48,1993

杨恒贵,张志广.吉兰泰盐湖沙害综合治理.中国沙漠,**14**(2):64—68,1994

赵光平,王连喜,杨淑萍.宁夏强沙尘暴生态调控对策的初步研究.中国沙漠,**20**(4):447—454,2000

张宁,黄维,陆荫,康颖清.沙尘暴降尘在甘肃的沉降状况研究.中国沙漠,**18**(1):32—37,1998

赵兴梁. 甘肃特大沙尘暴的危害与对策. 中国沙漠,**13**(3):1—7,1993
中国气象局预测减灾司. 沙尘暴监测预警服务研究. 北京:气象出版社,2002。
周自江. 近45年中国扬沙和沙尘暴天气. 第四纪研究,**21**(1):9—17,2001
朱震达,陈广庭. 中国土地沙质荒漠化. 北京:科学出版社,201—205,1994